全国动物卫生监督执法培训参考丛书④

官方兽医家禽检疫
工作实务

中国动物卫生与流行病学中心　组编

中国农业出版社

北　京

图书在版编目（CIP）数据

官方兽医家禽检疫工作实务 / 中国动物卫生与流行病学中心组编 . —北京：中国农业出版社，2022.1
　ISBN 978-7-109-29091-4

　Ⅰ.①官…　Ⅱ.①中…　Ⅲ.①家禽－动物检疫　Ⅳ.
①S851.34

中国版本图书馆 CIP 数据核字（2022）第 009538 号

官方兽医家禽检疫工作实务
GUANFANG SHOUYI JIAQIN JIANYI GONGZUO SHIWU

中国农业出版社出版
地址：北京市朝阳区麦子店街 18 号楼
邮编：100125
责任编辑：肖　邦
版式设计：王　晨　　责任校对：吴丽婷
印刷：中农印务有限公司
版次：2022 年 1 月第 1 版
印次：2022 年 1 月北京第 1 次印刷
发行：新华书店北京发行所
开本：880mm×1230mm　1/32
印张：3.75
字数：85 千字
定价：28.00 元

《官方兽医家禽检疫工作实务》
编写人员

中国动物卫生与流行病学中心　组编

主　编	翟海华	梁俊文	孙祥仓	滕翔雁	万　强
副主编	王伟涛	贾智宁	李　昂	李新刚	王纪坤
审　稿	张衍海	李卫华	蔺　东	张进林	陈少渠
	冯子轩				
参　编	王媛媛	肖　肖	朱　琳	刘德举	王　岩
	韩凤玲	苏　红	刘洪明	李　婧	王峰升
	张　磊	赵韶阳	周子涵	邴国霞	徐启杰
	徐　伟	王昌健	严海涛	冯利霞	陈振强
	元雪浈	李　萌	刘　凡	樊晓旭	李　鹏
	李　超	李木子	孙洪涛	王楷宬	刘　平
	刘雨萌	张皓博	王　华	夏晓萍	李　昕

前言 | FOREWORD

动物检疫是防范动物疫病传播、保障动物卫生和动物源性产品安全的重要措施。家禽是我国主要的肉类来源之一，家禽检疫在动物检疫工作中占有重要地位。2010 年，农业部制定了《家禽产地检疫规程》《家禽屠宰检疫规程》和《跨省调运种禽产地检疫规程》（以下简称《规程》）。系列规程的出台增强了家禽检疫工作的针对性和可操作性，进一步规范和强化了家禽检疫工作，为高致病性禽流感等重大动物疫病防控工作提供了有力支撑，对促进畜牧业健康发展和保障畜禽产品质量安全发挥了重要作用。

全面理解和准确把握家禽检疫规程各项要求，是做好家禽检疫工作的重要前提。为便于各级农业农村主管部门、广大检疫工作人员熟练掌握家禽检疫技术，提高检疫水平，我们组织了长期从事动物检疫工作的业务骨干和专家，共同编写了《官方兽医家禽检疫工作实务》一书。本书以《规程》的解读为主线，根据国家相关法律、法规、规章、规范性文件等内容，结合工作实践，对家禽产地检疫、家禽屠宰检疫、跨省调运种禽产地检疫的检疫流程、检疫实施要点等内容进行了深入解读；同时，本书也与新修订的《中华人民共和国动物防疫法》、农业农村部公布的关于动物检疫的新规进行了探索性的衔接。本书可作为动物检疫工作人员培训教材或工作参考用书。

由于时间仓促，编者水平有限，内容难免有疏漏或值得商榷之处，敬请批评指正。

编　者

2021 年 8 月

CONTENTS

目　　录

前言

CHAPTER

第一部分 01

《家禽产地检疫规程》

解读

1 适用范围

本规程规定了家禽（含人工饲养的同种野禽）产地检疫的检疫对象、检疫合格标准、检疫程序、检疫结果处理和检疫记录。

本规程适用于中华人民共和国境内家禽的产地检疫及省内调运种禽或种蛋的产地检疫。

合法捕获的同种野禽的产地检疫参照本规程执行。

【解读】本条是对本规程适用范围的规定。

本规程调整的动物范围是指家禽、人工饲养的同种野禽和合法捕获的同种野禽。本规程所称家禽是指《国家畜禽遗传资源目录》所列传统家禽及特种禽。本规程所指的同种野禽是指与家禽相对应的同种野生禽类。

其中合法捕获的同种野禽的产地检疫参照本规程执行，部分检疫项目不必实施，如不必查验 3.2、3.3。

有关捕获野禽的合法性依据《中华人民共和国野生动物保护法》第二十条，第二十一条第二款，第二十二条，第二十三条第一款，第二十四条第一款，第二十七条第二款、第四款、第五款。详细内容如下：

《中华人民共和国野生动物保护法》第二十条规定，在相关自然保护区域和禁猎（渔）区、禁猎（渔）期内，禁止猎捕以及其他妨碍野生动物生息繁衍的活动，但法律法规另有规定的除外。野生动物迁徙洄游期间，在前款规定区域外的迁徙洄游通道内，禁止猎捕并严格限制其他妨碍野生动物生息繁衍的活动。迁徙洄游通道的范围以及妨碍野生动物生息繁衍活动的内容，由县级以上人民政府或者其野生动物保护主管部门规定并公布。第二十一条第二款规定，因科学研究、种群调控、疫源疫病监测或者其他特殊情况，需要猎捕国家一级保护野生动物的，应当向国务院野生动物保护主管部门申请特许猎捕证；需要猎捕国家二级保护野生动物的，应当向省、自治区、直辖市人民政府野生动物保护主管部门申请特许猎捕证。第二十二条规定，猎捕非国家重点保护野生动物的，应当依法取得县级以上地方人民政府野生动物保护主管部门核发的狩猎证，并且服从猎捕量限额管理。第二十三条规定，猎捕者应当按照特许猎捕证、狩猎证规定的种类、数量、地点、工具、方法和期限进行猎捕。第二十四条规定，禁止使用毒药、爆炸物、电击或者电子诱捕装置以及猎套、猎夹、地枪、排铳等工具进行猎捕，禁止使用夜间照明行猎、歼灭性围猎、捣毁巢穴、火攻、烟熏、网捕等方法进行猎捕，但因科学研究确需网捕、电子诱捕的除外。第二十七条第二款规定，因科学研究、人工繁育、公众展示展演、文物保护或者其他特殊情况，需要出售、购买、利用国家重点保护野生动物及其制品的，应当经省、自治区、直辖市人民政府野生动物保护主管部门批准，并按照规定取得和使用专用标识，保证可追溯，但国务院对批准机关另有规定的除外；第四款规定，出售、利用非国家重点保护野生动物的，应当提供狩猎、进出口等合法来源证明；第五款规定，出售本条第二款、第四款规定的野生动物的，还应当依法附有检疫证明。

本规程适用的地域范围是指中华人民共和国境内，依照《中华人民共和国香港特别行政区基本法》和《中华人民共和国澳门特别行政区基本法》规定，不适用于香港特别行政区和澳门特别行政区，因此动物卫生监督机构的官方兽医不能为供港澳活禽出具《动物检疫合格证明》（动物A）。根据《供港澳活禽检验检疫管理办法》规定，海关总署统一管理全国供港澳活禽的检验检疫工作和监督管理工作。海关总署设在各地的直属海关负责各自辖区内的供港澳活禽饲养场的注册、疫情监测、起运地检验检疫和出证及监督管理工作。出境口岸海关负责供港澳活禽出境前的临床检查或复检和回空车辆及笼具的卫生状况监督工作。

进出境家禽检疫适用《中华人民共和国进出境动植物检疫法》，进境家禽经进出口检疫部门隔离检疫到达目的地，饲养后需要调运的，适用于本规程。

2 检疫对象

高致病性禽流感、新城疫、鸡传染性喉气管炎、鸡传染性支气管炎、鸡传染性法氏囊病、马立克氏病、禽痘、鸭瘟、小鹅瘟、鸡白痢、鸡球虫病。

【解读】本条是对家禽产地检疫中检疫对象的规定。

检疫对象是指国务院农业农村主管部门依照法律授权，根据我国动物防疫工作的实际需要和技术条件，确定并公布的需要检疫的特定动物疫病。检疫对象应当符合几个方面的特征：列入《一、二、三类动物疫病病种名录》；国家重点防控的动物疫病；检疫检验的技术成熟。

本规程规定的检疫对象包括一类动物疫病2种，高致病性禽流感、新城疫；二类动物疫病9种，鸡传染性喉气管炎、鸡传染性支气管炎、鸡传染性法氏囊病、马立克氏病、禽痘、鸭瘟、小鹅瘟、鸡白痢、鸡球虫病。共11种动物疫病。

3　检疫合格标准

【解读】本条是对家禽产地检疫合格标准的规定。

家禽产地检疫合格的标准需符合 3.1～3.5 项条件，合法捕获的同种野禽需符合 3.1、3.4、3.5 项条件，省内调运种禽及种蛋，需符合 3.1～3.6 项条件。

3.1　来自非封锁区或未发生相关动物疫情的饲养场（养殖小区）、养殖户。

【解读】本条是对检疫合格家禽来源的规定。

《中华人民共和国动物防疫法》（以下简称《动物防疫法》）规定，发生一类动物疫病时，应当划定疫点、疫区、受威胁区，调查疫源，及时报请本级人民政府对疫区实行封锁。二、三类动物疫病呈暴发性流行时，按照一类动物疫病处理。因此，封锁区是由县级以上地方人民政府组织有关部门和单位划定的区域，即饲养场、养殖户、合法捕获同种野禽的捕获地不能在封锁区或发生相关动物疫情的区域。

依据《农业农村部公告第2号》关于加强畜禽移动监管有关事项公告要求，限制易感畜禽从动物疫病高风险区向低风险区调运。一是，用于饲养的畜禽不得从高风险区调运到低风险区，种用、乳用动物（不含淘汰的）除外。二是，用于屠宰的畜禽可跨风险区从养殖场（户）"点对点"调运到屠宰场，调运途中不得卸载。三是，无规定动物疫病区、无规定动物疫病小区、动物疫病净化场的畜禽可跨相关动物疫病风险区调运。发生高致病性禽流感等重大动物疫情时，疫区所在县为该动物疫病的高风险区，其他地区为低风险区。其他动物疫病风险区划分由农业农村部进行风险评估后确定并公布。

> **3.2 按国家规定进行了强制免疫，并在有效保护期内。**

【解读】本条是对检疫合格家禽免疫状况的规定。

1. 强制免疫的概念

强制免疫是指国家对严重危害养殖业和人类健康的动物疫病，采取制定强制免疫计划，确定免疫病种、免疫要求、免疫动物种类与区域范围、免疫实施主体、组织分工、补助经费安排、免疫效果监测以及监督管理等一系列强制性措施，有计划分步骤地预防、控制、净化和消灭动物疫病。

2. 强制免疫病种及区域

《动物防疫法》规定，国务院农业农村主管部门确定强制免疫的动物疫病病种和区域。例如，《2020年国家动物疫病强制免疫计划》中家禽的强制免疫病种只有高致病性禽流感，强制免疫区域是全国，免疫对象是全国所有鸡、鸭、鹅、鹌鹑等人工饲养的禽类，进行H5亚型和H7亚型高致病性禽流感免疫。对供研究和疫苗生产用的家禽、进口国（地区）明确要求不得实施高致病性禽流感免疫的出口家禽以及因其他特殊原因不免疫的，有关企业按规定逐级报省级农业农村主管部门批准后，可不实施免疫。

省级人民政府农业农村主管部门制定本行政区域的强制免疫计划；根据本行政区域内动物疫病流行情况增加实施强制免疫的动物

疫病病种和区域，报本级人民政府批准后执行，并报国务院农业农村主管部门备案。因此，官方兽医应当根据本省（自治区、直辖市）的强制免疫计划了解待检家禽的强制免疫状况。

3. 有效保护期

关于强制免疫病种的有效保护期，疫苗的种类不同，有效保护期不同，可参考该疫苗生产厂家提供的说明书上的免疫期。例如，某厂家生产的重组禽流感病毒（H5＋H7）二价灭活疫苗的说明书载明免疫期为 6 个月，注射疫苗后 21 日方可进行调运。有条件的地区可以进行抗体水平实验室检测，来判断是否在有效保护期内。

3.3　养殖档案相关记录符合规定。

【解读】本条是对养殖档案合格的规定。

本条所述的规定是指《中华人民共和国畜牧法》（以下简称《畜牧法》)、《畜禽标识和养殖档案管理办法》等关于养殖档案的规定。

养殖档案是落实产品质量责任追溯制度、保障畜禽产品质量的重要基础，是加强畜禽养殖场管理，建立和完善畜禽标识及畜禽产品追溯体系的基本手段。

《畜牧法》《畜禽标识和养殖档案管理办法》规定，家禽养殖档案应当载明以下内容：

（1）家禽的品种、数量、繁殖记录、来源和进出场日期；

（2）饲料、饲料添加剂等投入品和兽药的来源、名称、使用对象、时间和用量等有关情况；

（3）检疫、免疫、监测、消毒情况；

（4）家禽发病、诊疗、死亡和无害化处理情况；

（5）畜禽养殖代码；

（6）国务院畜牧兽医行政主管部门规定的其他内容。

商品禽养殖档案保存 2 年，种禽养殖档案长期保存。家禽养殖场养殖档案格式参照 2007 年 3 月《农业部关于加强畜禽养殖管理的通知》规定文本填写（参考表格见附录一）。

3.4 临床检查健康。

【解读】本条是对临床检查结果合格的规定。

临床检查健康是指采用群体检查法和个体检查法检查家禽有无异常，具体检查方法见 4.3.1，检查内容见 4.3.2。

3.5 本规程规定需进行实验室检测的，检测结果合格。

【解读】本条是对实验室疫病检测结果合格的规定。

对怀疑患有本规程规定 11 种检疫对象及临床检查发现其他异常情况的，需要进行实验室疫病检测。

《农业农村部公告第 2 号》规定，疫病检测结果需由动物疫病预防控制机构、通过质量技术监督部门资质认定的实验室或通过兽医系统实验室考核的实验室出具。在重大动物疫情防控期间，农业农村部有特殊规定的，依据相关规定执行。

省内调运的种禽或种蛋可参照《跨省调运种禽产地检疫规程》进行实验室检测，并提供相应检测报告。

3.6 省内调运的种禽须符合种用动物健康标准；省内调运种蛋的，其供体动物须符合种用动物健康标准。

【解读】本条是对省内调运种禽及种蛋须符合条件的规定。

《动物防疫法》规定，种用、乳用动物应当符合国务院农业农村主管部门规定的健康标准。

种畜、种禽和乳用动物的用途特殊，饲养存栏时间长、对当地养殖业生产和人体健康影响大，其动物疫病的防治尤为重要。一旦染疫，不仅会长期散布病原，横向水平传播疫病，还可能向下一代动物垂直传播疫病，严重影响生产性能，而且容易使疫情进一步扩散，包括人畜共患病病原向人的传播。因此，有必要对这些动物的健康标准做出规定，定期接受当地动物疫病预防控制机构的检测。实践证明，加强对种用、乳用动物的健康管理，是控制动物疫病的源头措施，是有效净化当地动物疫病的重要手段，做好这项工作可对整个动物防疫工作起到事半功倍的作用。

目前国家没有发布种用动物健康标准。可参考本书第三部分《跨省调运种禽产地检疫规程》第2.2条的解读。

4　检疫程序

【解读】本条是对家禽产地检疫程序的规定。

4.1　申报受理。动物卫生监督机构在接到检疫申报后，根据当地相关动物疫情情况，决定是否予以受理。受理的，应当及时派官方兽医到现场或到指定地点实施检疫；不予受理的，应说明理由。

【解读】本条是对检疫程序申报受理的规定。

《动物检疫管理办法》规定，国家实行动物检疫申报制度。

1. 检疫申报的要求

（1）**申报时限**　家禽在离开产地前，由货主按规定时限向所在地动物卫生监督机构申报检疫。出售或运输供屠宰、继续饲养的家禽，应当提前 3 天申报检疫。调运种禽和种蛋，以及参加展览、演出和比赛的家禽，应当提前 15 天申报检疫。合法捕获同种野禽的，应当在捕获后 3 天内向捕获地县级动物卫生监督机构申报检疫。向无规定动物疫病区输入相关易感动物的，货主除按规定向输出地动物卫生监督机构申报检疫外，还应当在起运 3 天前向输入地动物卫生监督机构申报检疫。

需要说明，为了防止疫病传播、保证检疫质量，申报必须是"出售或者运输动物之前"，即动物在出栏之前。《动物防疫法》第九十七条规定，违反本法第二十九条规定，屠宰、经营、运输动物或者生产、经营、加工、贮藏、运输动物产品的，由县级以上地方人民政府农业农村主管部门责令改正、采取补救措施，没收违法所得、动物和动物产品，并处同类检疫合格动物、动物产品货值金额十五倍以上三十倍以下罚款；同类检疫合格动物、动物产品货值金额不足一万元的，并处五万元以上十五万元以下罚款；其中依法应当检疫而未检疫的，依照本法第一百条的规定处罚。前款规定的违法行为人及其法定代表人（负责人）、直接负责的主管人员和其他直接责任人员，自处罚决定作出之日起五年内不得从事相关活动；构成犯罪的，终身不得从事屠宰、经营、运输动物或者生产、经营、加工、贮藏、运输动物产品等相关活动。第一百条规定，违法本法规定，屠宰、经营、运输的动物未附有检疫证明，经营和运输的动物产品未附有检疫证明、检疫标志的，由县级以上地方人民政府农业农村主管部门责令改正，处同类检疫合格动物、动物产品货值金额一倍以下罚款；对货主以外的承运人处运输费用三倍以上五倍以下罚款，情节严重的，处五倍以上十倍以下罚款。违法本法规定，用于科研、展示、演出和比赛等非食用性利用的动物未附有检疫证明的，由县级以上地方人民政府农业农村主管部门责令改正，处三千元以上一万元以下罚款。

（2）申报条件　家禽养殖场（户）申报检疫时，应提供养殖场名称（养殖户姓名）、地址、报检动物种类、数量、约定检疫时间、用途、去向、联系电话等信息，同时还应提供养殖档案（养殖场、小区）、防疫档案（散养户）。另外，《农业农村部公告第2号》规定，申报检疫时，应提交动物检疫申报单和相关动物疫病检测报告等申报材料，畜禽养殖场（户）委托畜禽收购贩运单位或个人代为申报检疫的，还需出具委托书。《农业部公告第2516号》规定，跨省调运活禽的家禽养殖场（户），应当主动做好家禽H7N9流感送样检测工作，凭检测报告申报产地检疫。

（3）申报方式　申报点填报、传真和电话等。货主申报检疫，应当提交动物检疫申报单，采用电话申报的，需在现场补填动物检疫申报单。有条件的地区可实行网络申报。

（4）申报主体　主体是指畜禽养殖场（户）、依法接受委托的畜禽收购贩运单位或个人。畜禽养殖场（户）出售或者运输畜禽前，应按照《动物防疫法》《动物检疫管理办法》规定，向当地动物卫生监督机构申报检疫。《农业农村部公告第2号》规定，畜禽养殖场（户）委托畜禽收购贩运单位或个人代为申报检疫的，应当取得并出具畜禽养殖场（户）的委托书，提供申报材料。

2. 申报结果处理

根据当地相关动物疫情情况等，予以受理的，应当及时派出官方兽医到场实施检疫；不予受理的，应说明理由。

常见不予受理的情形有：

（1）管辖区域外的；

（2）依法不属于本机构职权范围内的；

（3）没有检疫规程或规定的；

（4）未按规定时限事先申报检疫的；

（5）当地有相关动物疫情的；

（6）国家或其他省份动物疫病防控有相关要求的；

（7）其他不符合申报受理要求的。

相关动物疫情情况可通过当地是否为疫区来确认，疫区是指由县级以上农业农村主管部门划定并经同级人民政府发布命令实行封锁的地区。疫区的确认可查阅县级以上农业农村主管部门或动物疫病预防控制机构有无相关疫情的通报或预警信息。

新修订的《动物防疫法》中取消了"现场"。所以本规程所指实施检疫可在家禽养殖地、集中地、检疫申报点等地点。

官方兽医应当具备国务院农业农村主管部门规定的条件，由省、自治区、直辖市人民政府农业农村主管部门按照程序确认，由所在地县级以上人民政府农业农村主管部门任命。根据《动物防疫法》《动物检疫管理办法》，产地检疫工作须由官方兽医依程序实施，动物饲养场、屠宰企业的执业兽医或者动物防疫技术人员，应当协助官方兽医实施动物检疫。

4.2　查验资料

【解读】本条是对产地检疫中官方兽医需要查验养殖场（户）的相关资料的规定。

> 4.2.1　官方兽医应查验饲养场（养殖小区）《动物防疫条件合格证》和养殖档案，了解生产、免疫、监测、诊疗、消毒、无害化处理等情况，确认饲养场（养殖小区）6个月内未发生相关动物疫病，确认禽只已按国家规定进行强制免疫，并在有效保护期内。省内调运种禽或种蛋的，还应查验《种畜禽生产经营许可证》。

【解读】本条是对饲养场查验内容的规定。

官方兽医对饲养场需要查验以下内容：

1. 查验证件

《动物防疫条件合格证》主要查验单位名称、单位地址、法定代表人（负责人）、经营范围是否与实际一致，是否存在伪造、变造、转让等情况。

2. 查阅档案

养殖档案主要查看生产记录、免疫记录、监测记录、诊疗记录、消毒记录、无害化处理记录等。查验生产记录主要核对养殖数量。查验免疫记录主要确认饲养场存栏家禽是否按国家规定进行了强制免疫，是否在有效保护期内。查验监测记录，核对强制免疫疫病抗体监测结果是否符合要求，国家或地方对免疫抗体监测另有规定的，还应查验其免疫抗体监测信息及免疫合格情况。查验诊疗记录，以确定饲养场在 6 个月内有无发生高致病性禽流感、新城疫、鸡传染性喉气管炎、鸡传染性支气管炎、鸡传染性法氏囊病、马立克氏病、禽痘、鸭瘟、小鹅瘟、鸡白痢、鸡球虫病等疫病。查验消毒记录，通过查看使用的消毒药品、使用剂量和方法，以及场所消毒、车辆消毒记录等是否清楚、具体，确保消毒有效。查验无害化处理记录，通过查看无害化处理数量、时间、死因等记录，了解家禽的养殖状况和疫病发生情况。

3. 查阅省内调运种禽或种蛋有关资料

省内调运种禽或种蛋的，还应查验其《种畜禽生产经营许可证》，主要查验单位名称、单位地址、法人、经营范围是否与实际一致，是否在有效期内，是否存在伪造、变造、转让等情况。

4.2.2 官方兽医应查验散养户防疫档案，确认禽只已按国家规定进行强制免疫，并在有效保护期内。

【解读】本条是对散养户查验内容的规定。

《畜禽标识和养殖档案管理办法》规定，散养户畜禽防疫档案包括：户主姓名、地址、畜禽种类、数量、免疫日期、疫苗名称、免疫人员以及用药记录等。

官方兽医需要通过查验散养户的相关资料确认以下内容：家禽是否已按国家规定进行强制免疫，并在有效保护期内。

4.3 临床检查

4.3.1 检查方法

4.3.1.1 群体检查。从静态、动态和食态等方面进行检查。主要检查禽群精神状况、外貌、呼吸状态、运动状态、饮水饮食及排泄物状态等。

【解读】本条是对临床检查中群体检查内容的规定。

群体检查是指对待检动物群体进行现场临诊观察，检查时以群为单位，包括静态、动态和食态检查。群体检查的原则一般是按先静态、后动态、再食态的顺序进行。

静态检查：在禽笼或圈舍内，应该让禽群处于安静的情况下观察，主要观察禽的外貌姿态、精神及呼吸状况以及排泄物状态。如有禽只精神不好、嗜睡，羽毛蓬松、缩颈垂翅，肉冠、肉髯呈紫红或苍白色；呼吸困难、张口伸颈呼吸，嗉囊胀大，从口、鼻流出黏液；粪便黄绿色、黄色或混有血液等异常现象，应从群中挑出做个体检查。

动态检查：笼养禽不易做运动检查，对舍饲和散养的禽可检查外貌和行动姿态。驱赶家禽，健康禽应当精力充沛，行动敏捷。如有行走困难、共济失调、步态不稳、离群掉队、跛行、瘫痪、翅下垂等异常现象，应从禽群中挑出做个体检查。

食态检查：观察禽自然状态的食欲、食量、采食和饮水姿态。观察禽群有无少食或不食，有无少饮、不饮或狂饮等情况。若有吞咽困难、流涎等异常现象，可进一步检查禽的嗉囊是否充满食物，如空虚无食、内部坚硬或如稀糊状感，应从禽群中挑出做个体检查。

4.3.1.2 个体检查。通过视诊、触诊、听诊等方法检查家禽个体精神状况、体温、呼吸、羽毛、天然孔、冠、髯、爪、粪，触摸嗉囊内容物性状等。

【解读】本条是对临床检查中个体检查内容的规定。

个体检查是对群体检查中挑出的可疑病禽进行全面的临床健康检查，即使是群体检查时没有挑出可疑病禽，也应从大群中挑出部分活禽进行个体检查。个体检查是确定活禽个体是否健康的主要方法，也是系统的临床诊断方法，个体检查的方法有视诊、触诊、听诊等。

视诊：检查精神外貌、起卧运动姿势、反应以及皮肤、羽毛、呼吸、可视黏膜、眼结膜、天然孔、排泄物等。

（1）看精神状态 健康家禽精神活泼、耳目灵敏。如出现精神不好、嗜睡，缩颈垂翅，双目无神、呆立一隅、反应迟钝等现象，则为可疑病禽。

（2）看行动姿态 健康家禽动作稳健，动作协调。如出现行走困难、共济失调、步态不稳、躯体强直、盲目运动、观星、劈叉等现象，则为可疑病禽。

（3）看羽毛皮肤 健康家禽的羽毛整齐、光亮，皮肤颜色正常，无出血、无肿胀、无溃烂、无水肿、无结节等。如出现羽毛蓬松、无光泽，皮肤发红、充血或出血，脚鳞片层出现紫色出血斑，有的皮肤局部水肿、溃疡等现象，则为可疑病禽。

（4）看呼吸状态 健康家禽呼吸规则、节律整齐。如出现张口伸颈呼吸等现象，则为可疑病禽。

（5）**看眼结膜、冠、髯** 健康家禽的可视黏膜为浅红色，冠、髯呈稍带光泽的鲜红色。如出现可视黏膜充血或贫血、眼角有脓性分泌物，冠、髯苍白、暗红、发紫、肿胀等现象，则为可疑病禽。

（6）**看天然孔、排泄物** 检查家禽的口、鼻、眼、泄殖腔是否正常。如出现口腔和鼻腔分泌物增多，鼻端流出浆性分泌物，眼睑闭合、肿胀、流浆性或脓性分泌物，眼虹膜褪色、出现白眼病或瞎眼，肛门周围的羽毛被粪污染或沾污泥土等现象，则为可疑病禽。

（7）**检查家禽排泄的次数、形状、颜色、气味等是否正常** 如出现粪便颜色黄绿色、黄色或混有血液等现象，则为可疑病禽。

触诊：触摸皮肤（翅根）温度，有无肿胀、结节；触摸胸前、腹下、胸肌、腿肌、关节，检查其形状、弹性、硬度、活动性和敏感性；如触摸嗉囊时出现空虚无食、内部坚硬或软如稀糊状感等现象，则为可疑病禽。

听诊：利用听觉检查家禽的呼吸状况，检查有无咳嗽、打喷嚏、呼吸困难、喘鸣音等异常现象。

检查体温、脉搏、呼吸数：检查体温是否在 40.0～42.0℃ 正常范围，脉搏是否在 120～200 次/分钟正常范围，呼吸数是否在 15～30 次/分钟正常范围。

4.3.2 检查内容

4.3.2.1 禽只出现突然死亡、死亡率高；病禽极度沉郁，头部和眼睑部水肿、鸡冠发绀、脚鳞出血和神经紊乱；鸭、鹅等水禽出现明显神经症状、腹泻、角膜炎，甚至失明等症状的，怀疑感染高致病性禽流感。

【解读】本条是对疑似感染高致病性禽流感典型临床症状的表述。

> **4.3.2.2** 出现体温升高、食欲减退、神经症状；缩颈闭眼、冠髯暗紫；呼吸困难；口腔和鼻腔分泌物增多，嗉囊肿胀；下痢；产蛋减少或停止；少数禽突然发病，无任何症状而死亡等症状的，怀疑感染新城疫。

【解读】本条是对疑似感染新城疫典型临床症状的表述。

> **4.3.2.3** 出现呼吸困难、咳嗽；停止产蛋，或产薄壳蛋、畸形蛋、褪色蛋等症状的，怀疑感染鸡传染性支气管炎。

【解读】本条是对疑似感染鸡传染性支气管炎典型临床症状的表述。

> **4.3.2.4** 出现呼吸困难、伸颈呼吸，发出咯咯声或咳嗽声；咳出血凝块等症状的，怀疑感染鸡传染性喉气管炎。

【解读】本条是对疑似感染鸡传染性喉气管炎典型临床症状的表述。

> **4.3.2.5** 出现下痢，排浅白色或淡绿色稀粪，肛门周围的羽毛被粪污染或沾污泥土；饮水减少、食欲减退；消瘦、畏寒；步态不稳、精神委顿、头下垂、眼睑闭合；羽毛无光泽等症状的，怀疑感染鸡传染性法氏囊病。

【解读】本条是对疑似感染鸡传染性法氏囊病典型临床症状的表述。

4.3.2.6 出现食欲减退、消瘦、腹泻、体重迅速减轻，死亡率较高；运动失调、劈叉姿势；虹膜褪色、单侧或双眼灰白色混浊所致的白眼病或瞎眼；颈、背、翅、腿和尾部形成大小不一的结节及瘤状物等症状的，怀疑感染马立克氏病。

【解读】本条是对疑似感染马立克氏病典型临床症状的表述。

4.3.2.7 出现食欲减退或废绝、畏寒、尖叫；排乳白色稀薄黏腻粪便，肛门周围污秽；闭眼呆立、呼吸困难；偶见共济失调、运动失衡，肢体麻痹等神经症状的，怀疑感染鸡白痢。

【解读】本条是对疑似感染鸡白痢典型临床症状的表述。

4.3.2.8 出现体温升高；食欲减退或废绝、翅下垂、脚无力，共济失调、不能站立；眼流浆性或脓性分泌物，眼睑肿胀或头颈浮肿；绿色下痢，衰竭虚脱等症状的，怀疑感染鸭瘟。

【解读】本条是对疑似感染鸭瘟典型临床症状的表述。

4.3.2.9 出现突然死亡；精神萎靡、倒地两脚划动，迅速死亡；厌食，嗉囊松软，内有大量液体和气体；排灰白或淡黄绿色混有气泡的稀粪；呼吸困难，鼻端流出浆性分泌物，喙端色泽变暗等症状的，怀疑感染小鹅瘟。

【解读】本条是对疑似感染小鹅瘟典型临床症状的表述。

4.3.2.10　出现冠、肉髯和其他无羽毛部位发生大小不等的疣状块，皮肤增生性病变；口腔、食道、喉或气管黏膜出现白色结节或黄色白喉膜病变等症状的，怀疑感染禽痘。

【解读】本条是对疑似感染禽痘典型临床症状的表述。

4.3.2.11　出现精神沉郁、羽毛松乱、不喜活动、食欲减退、逐渐消瘦；泄殖腔周围羽毛被稀粪沾污；运动失调、足和翅发生轻瘫；嗉囊内充满液体，可视黏膜苍白；排水样稀粪、棕红色粪便、血便、间歇性下痢；群体均匀度差，产蛋下降等症状的，怀疑感染鸡球虫病。

【解读】本条是对疑似感染鸡球虫病典型临床症状的表述。

4.4　实验室检测

4.4.1　对怀疑患有本规程规定疫病及临床检查发现其他异常情况的，应按相应疫病防治技术规范进行实验室检测。

【解读】本条是对需要进行实验室疫病检测的情形及检测方法依据的规定。

本规程规定的动物疫病可参照相应技术规范或国家（行业）标准进行检测。目前我国印发禽病的防治技术规范有高致病性禽流感、新城疫、传染性法氏囊、马立克氏病。

对于跨省调运的活禽，依据《农业部公告第 2516 号》规定，养殖场（户）应主动做好家禽 H7N9 流感送样检测工作。在家禽出栏前 21 天内，按规定委托执业兽医或乡村兽医平行采集家禽血清学样品和病原学样品（雏禽应采集种蛋来源种禽的血清学样品和病原学样品），并于采样后 48 小时内送当地县级以上动物疫病预防控制机构实验室或具备 H7N9 流感检测资质的实验室。采样应覆盖所有待出栏或雏禽种蛋生产的禽舍，每次采样数量不得低于 30 羽，同时应做好记录备查。家禽养殖场（户）凭检测报告申报产地检疫，对无检测报告、检测报告中 H7N9 流感血清学检测结果呈阳性或检测报告签发日期超过采样日期 21 天的，不得出具动物检疫合格证明。

4.4.2　实验室检测须由省级动物卫生监督机构指定的具有资质的实验室承担，并出具检测报告。

【解读】本条是对出具检测报告的实验室应符合条件的规定。

依据《农业农村部公告第 2 号》规定，疫病检测报告需由动物疫病预防控制机构、通过质量技术监督部门资质认定的实验室或通过兽医系统实验室考核的实验室出具。在重大动物疫情防控期间，农业农村部有特殊规定的，依据相关规定执行。

4.4.3　省内调运的种禽或种蛋可参照《跨省调运种禽产地检疫规程》进行实验室检测，并提供相应检测报告。

【解读】本条是对省内调运种禽或种蛋实验室检测的规定。

《跨省调运种禽产地检疫规程》规定，种禽的实验室检测疫病种类包括：种鸡，检测高致病性禽流感、新城疫、禽白血病、禽网状内皮组织增殖症；种鸭，检测高致病性禽流感、鸭瘟；种鹅，检测高致病性禽流感、小鹅瘟。调运种蛋的，还应查验其采集、消毒等记录，同时确认对应供体及其健康状况（详见第三部分《跨省调运种禽产地检疫规程》解读）。

5　检疫结果处理

5.1　经检疫合格的，出具《动物检疫合格证明》。

【解读】本条是对经检疫合格的家禽，官方兽医应当出具《动物检疫合格证明》的规定。

1. 出具《动物检疫合格证明》的条件

（1）调运家禽应符合的条件

①来自非封锁区或未发生相关动物疫情的饲养场、养殖户。

②按照国家规定进行了强制免疫，并在有效保护期内。

③养殖档案相关记录符合规定。

④临床检查健康。

⑤本规程规定需进行实验室疫病检测的，检测结果合格。

（2）省内调运的种禽应符合的条件

①来自非封锁区或未发生相关动物疫情的饲养场、养殖户。

②按照国家规定进行了强制免疫，并在有效保护期内。

③养殖档案相关记录符合规定。

④临床检查健康。

⑤本规程规定需进行实验室疫病检测的，检测结果合格。

⑥省内调运的种禽须符合种用动物健康标准；省内调运种蛋

的，其供体动物须符合种用动物健康标准。

（3）合法捕获的同种野禽应符合的条件

①来自非封锁区。

②临床检查健康。

③本规程规定需要进行实验室疫病检测的，检测结果符合要求。

2. 《动物检疫合格证明》填写和使用规范

（1）填写和使用基本要求　家禽产地《动物检疫合格证明》根据适用范围分为动物 A（用于跨省境出售或者运输动物）和动物 B（用于省内出售或者运输动物）。根据《农业部关于印发动物检疫合格证明等样式及填写应用规范的通知》，它们的填写和使用基本要求是：

①《动物检疫合格证明》的出具机构及人员必须依法享有出证权，并需签字盖章方为有效。

②严格按适用范围出具《动物检疫合格证明》，混用无效。

③《动物检疫合格证明》涂改无效。

④《动物检疫合格证明》所列项目要逐一填写，内容简明准确，字迹清晰。

⑤不得将《动物检疫合格证明》填写不规范的责任转嫁给合法持证人。

⑥《动物检疫合格证明》用蓝色或黑色钢笔、签字笔或打印填写。目前，全国大部分地区已实现电子出证，只有极个别地区还采用手写，但官方兽医签字必须手写。

（2）填写规范

《动物检疫合格证明》（动物 A）填写规范：

①货主　货主为个人的，填写个人姓名；货主为单位的，填写单位名称。

②联系电话　填写移动电话；无移动电话的，填写固定电话。

③动物种类　鸡、鸭、鹅等。

④数量及单位　数量及单位连写，不留空格。数量及单位以汉字填写，如壹佰羽。

⑤起运地点　饲养场、交易市场的家禽填写生产地的省、市、县名和饲养场、交易市场名称；散养家禽填写生产地的省、市、县、乡、村名。

⑥到达地点　填写到达地的省、市、县名，以及饲养场、屠宰场、交易市场或乡镇、村名。

⑦用途　视情况填写，如饲养、屠宰、种用、宠用、试验、参展、演出、比赛等。

⑧承运人　填写动物承运者的名称或姓名；公路运输的，填写车辆行驶证上法定车主名称或名字。

⑨联系电话　填写承运人的移动电话或固定电话。

⑩运载方式　根据不同的运载方式，在相应的"□"内划"√"。

⑪运载工具牌号　填写车辆牌照号及船舶、飞机的编号。

⑫运载工具消毒情况　写明消毒药名称。

⑬到达时效　视运抵到达地点所需时间填写，最长不得超过5天，用汉字填写。

⑭动物卫生监督检查站签章　由途经的每个动物卫生监督检查站签章，并签署日期。

⑮签发日期　用简写汉字填写。如二〇一二年四月十六日。

⑯备注　有需要说明的其他情况可在此栏填写。

动　物　检　疫　合　格　证　明（动物 A）

编号：

货　　主		联系电话	
动物种类		数量及单位	
启运地点	_____省_____市（州）_____县（市、区）_____乡（镇）_____村_____（养殖场、交易市场）		
到达地点	_____省_____市（州）_____县（市、区）_____乡（镇）_____村（养殖场、屠宰场、交易市场）		
用　　途		承运人		联系电话	
运载方式	□公路　□铁路　□水路　□航空	运载工具牌号	
运载工具消毒情况	装运前经_____消毒		

本批动物经检疫合格，应于_____日内到达有效。

官方兽医签字：_____

签发日期：_____年___月___日

（检疫专用章）

牲　畜耳标号	
动物卫生监督检查站签章	
备　　注	

第二联　共二联

注：1. 本证书一式两联，第一联由动物卫生监督所留存，第二联随货同行。

2. 跨省调运动物到达目的地后，货主或承运人应在 24 小时内向输入地动物卫生监督机构报告。

3. 牲畜耳标号只需填写后 3 位，可另附纸填写，需注明本检疫证明编号，同时加盖动物卫生监督机构检疫专用章。

4. 动物卫生监督所联系电话：_____。

《动物检疫合格证明》（动物 B）填写规范：

①货主　货主为个人的，填写个人姓名；货主为单位的，填写单位名称。

②联系电话　填写移动电话；无移动电话的，填写固定电话。

③动物种类　鸡、鸭、鹅等。

④数量及单位　数量及单位连写，不留空格。数量及单位以汉字填写，如壹佰羽。

⑤用途　视情况填写，如饲养、屠宰、种用、宠用、试验、参展、演出、比赛等。

⑥起运地点　饲养场、交易市场的动物填写生产地的市、县名和饲养场、交易市场名称；散养动物填写生产地的市、县、乡、村名。

⑦到达地点　填写到达地的市、县名，以及饲养场、屠宰场、交易市场或乡镇、村名。

⑧签发日期　用简写汉字填写。如二〇一二年四月十六日。

5.2　经检疫不合格的，出具《检疫处理通知单》，并按照有关规定处理。

【解读】本条是对如何处理经检疫不合格家禽的规定。

《检疫处理通知单》（见附录三）填写规范：编号按照年号＋6位数字顺序号，以县为单位自行编制。《检疫处理通知单》应载明货主的姓名或单位、动物种类、名称、数量，数量应大写。引用国家有关法律法规应当具体到条、款、项并写明无害化处理方法。具体处理方法参照《病死及病害动物无害化处理技术规范》（农医发〔2017〕25 号）（见附录二）。

动 物 检 疫 合 格 证 明 （动物 B）

编号：

货　　主			联系电话	
动物种类		数量及单位		用　　途
启运地点	＿＿＿市（州）＿＿＿县（市、区）＿＿＿乡（镇）＿＿＿村（养殖场、交易市场）			
到达地点	＿＿＿市（州）＿＿＿县（市、区）＿＿＿乡（镇）＿＿＿村（养殖场、屠宰场、交易市场）			
牲　畜耳标号				

本批动物经检疫合格，应于当日内到达有效。

官方兽医签字：＿＿＿＿＿＿

签发日期：＿＿＿＿年＿＿月＿＿日

（检疫专用章）

第
一
联

共
一
联

注：1. 本证书一式两联，第一联由动物卫生监督所留存，第二联随货同行。

2. 本证书限省境内使用。

3. 牲畜耳标号只需填写后3位，可另附纸填写，并注明本检疫证明编号，同时加盖动物卫生监督所检疫专用章。

5.2.1 临床检查发现患有本规程规定动物疫病的，扩大抽检数量并进行实验室检测。

【解读】本条是对如何处理临床检查中发现患有本规程规定动物疫病的规定。

发现患有本规程规定动物疫病的，在原抽检比例的基础上适当扩大抽检比例，实验室检测方法可参照相应防治技术规范实施。

> **5.2.2** 发现患有本规程规定检疫对象以外动物疫病，影响动物健康的，应按规定采取相应防疫措施。

【解读】本条是对处理临床检查中发现患有本规程规定动物疫病以外疫病的规定。

患有本规程规定的 11 种检疫对象以外的国家公布的一、二、三类动物疫病，影响动物健康的，应隔离观察，隔离期间出现异常的，按有关规定处理。本规程规定检疫对象以外动物二类疫病有：产蛋下降综合征、禽白血病、鸭病毒性肝炎、鸭浆膜炎、禽霍乱、禽伤寒、鸡败血支原体感染、低致病性禽流感、禽网状内皮组织增殖症；三类疫病有：鸡病毒性关节炎、禽传染性脑脊髓炎、传染性鼻炎、禽结核病。

> **5.2.3** 发现不明原因死亡或怀疑为重大动物疫情的，应按照《动物防疫法》《重大动物疫情应急条例》和《动物疫情报告管理办法》的有关规定处理。

【解读】本条是对发现不明原因死亡或疑似重大动物疫情时处理方法的规定。

(1)《动物防疫法》规定，发现动物染疫或者疑似染疫的，应当立即向所在地农业农村主管部门或者动物疫病预防控制机构报告，并迅速采取隔离等控制措施，防止动物疫情扩散。动物疫情由县级以上人民政府农业农村主管部门认定；其中重大动物疫情由省级人民政府农业农村主管部门认定，必要时报国务院农业农村主管部门认定。

国务院农业农村主管部门负责向社会及时公布全国动物疫情，也可以根据需要授权省级人民政府农业农村主管部门公布本行政区域内的动物疫情。其他单位和个人不得发布动物疫情。

（2）《重大动物疫情应急条例》规定，重大动物疫情报告包括：①疫情发生的时间、地点；②染疫、疑似染疫动物种类和数量、同群动物数量、免疫情况、死亡数量、临床症状、病理变化、诊断情况；③流行病学和疫源追踪情况；④已采取的控制措施；⑤疫情报告的单位、负责人、报告人及联系方式。

（3）《动物疫情报告管理办法》已废止。按照《农业农村部关于做好动物疫情报告等有关工作的通知》（农医发〔2018〕22号）规定，发现不明原因死亡或怀疑为重大动物疫情的，应当立即快报至县级动物疫病预防控制机构。

动物疫情报告实行快报、月报和年报，符合快报的情形：①发生高致病性禽流感等重大动物疫情；②发生新发动物疫病或新传入动物疫病；③无规定动物疫病区、无规定动物疫病小区发生规定动物疫病；④二、三类动物疫病呈暴发流行；⑤动物疫病的寄主范围、致病性以及病原学特征等发生重大变化；⑥动物发生不明原因急性发病、大量死亡；⑦农业农村部规定需要快报的其他情形。

发现不明原因死亡或怀疑为重大动物疫情的，应当立即快报至县级动物疫病预防控制机构；县级动物疫病预防控制机构应当在2小时内将情况逐级报至省级动物疫病预防控制机构，并同时报所在地人民政府农业农村主管部门；省级动物疫病预防控制机构应当在接到报告后1小时内，报本级人民政府农业农村主管部门确认后报至中国动物疫病预防控制中心；中国动物疫病预防控制中心应当在接到报告后1小时内报至农业农村部畜牧兽医局。

快报应当包括基础信息、疫情概况、疫点情况、疫区及受威胁区情况、流行病学信息、控制措施、诊断方法及结果、疫点位置及经纬度、疫情处置进展以及其他需要说明的信息等内容。进行快报后，县级动物疫病预防控制机构应当每周进行后续报告；疫情被排除或解除封锁、撤销疫区，应当进行最终报告。后续报告和最终报告按快报程序上报。

5.2.4 病死禽只应在动物卫生监督机构监督下，由畜主按照《病害动物和病害动物产品生物安全处理规程》（GB 16548—2006）规定处理。

【解读】本条是对如何处理病死动物的规定。

病死家禽无害化处理的责任主体为畜主。在无害化处理过程中，农业农村主管部门应当监督畜主直接进行无害化处理或畜主委托无害化处理企业进行处理，要求畜主和无害化处理企业做好处理记录。农业农村主管部门做好监督记录。

《动物防疫法》第九十五规定，对染疫动物及其排泄物、染疫动物产品或者被染疫动物、动物产品污染的运载工具、垫料、包装物、容器等未按照规定处置的，由县级以上地方人民政府农业农村主管部门责令限期处理；逾期不处理的，由县级以上地方人民政府农业农村主管部门委托有关单位代为处理，所需费用由违法行为人承担，处五千元以上五万元以下罚款。造成环境污染或者生态破坏的，依照环境保护有关法律法规进行处罚。

5.3 禽只启运前，动物卫生监督机构须监督畜主或承运人对运载工具进行有效消毒。

【解读】本条是对运载工具如何消毒的规定。

本条规定了对运载工具进行有效消毒的义务主体是畜主或承运人。

《动物防疫法》规定，运载工具在装载前和卸载后应当及时清洗、消毒。农业农村主管部门负责监督畜主或承运人对运输车辆进行清洗、消毒。动物、动物产品的运载工具在装载前和卸载后未按照规定及时清洗、消毒的，由县级以上地方人民政府农业农村主管部门责令限期改正，可以处一千元以下罚款；逾期不改正的，处一千元以上五千元以下罚款，由县级以上地方人民政府农业农村主管部门委托动物诊疗机构、无害化处理场所等代为处理，所需费用由违法行为人承担。

本条强调要进行有效消毒，消毒药合格，消毒程序和方法符合规定，达到规定的消毒效果。

6　检疫记录

【解读】本条是对检疫记录有关问题的规定。

检疫记录是动物检疫工作的痕迹。保存检疫记录可以在发生疫情或公共卫生安全问题时，便于追溯。

6.1　检疫申报单。动物卫生监督机构须指导畜主填写检疫申报单。

【解读】本条是对如何填写检疫申报单的规定。

本条规定了货主填写检疫申报单时，需在动物卫生监督机构指导下填写。打印的，需由货主签字确认。

检疫申报单需按以下要求规范填写：

货主：货主为个人的，填写个人姓名（身份证上的名字）；货主为单位的，填写单位名称（营业执照上的名称）。

联系电话：填写货主移动电话；无移动电话的，填写固定电话。

动物种类：鸡、鸭、鹅等。

数量及单位：数量及单位应以汉字填写，如壹佰羽。

来源：填写产地乡镇、村名称。

起运地点：饲养场、交易市场的动物填写生产地的省、市、县名和饲养场、交易市场名称；散养动物填写生产地的省、市、县、乡、村名。

起运时间：动物离开产地的时间。

到达地点：填写到达地的省、市、县名，以及饲养场、屠宰场、交易市场或乡镇名。

6.2　检疫工作记录。官方兽医须填写检疫工作记录，详细登记畜主姓名、地址、检疫申报时间、检疫时间、检疫地点、检疫动物种类、数量及用途、检疫处理、检疫证明编号等，并由畜主签名。

【解读】本条是对检疫工作记录包含内容的规定。

检疫工作记录是官方兽医实施产地检疫时留下的痕迹，检疫工作记录的规范填写，可以在发生疫情及家禽肉品安全事件时便于追溯。需要强调的是，工作记录中畜主姓名应登记养殖场（户）名称，地址填写养殖场（户）的养殖地址。

6.3　检疫申报单和检疫工作记录应保存 12 个月以上。

【解读】本条是对各项检疫记录保存时间的规定。

其中，《动物检疫合格证明》双联打印，第一联由动物卫生监督机构留存并保存 12 个月以上，第二联随货同行。

CHAPTER

第二部分 02

《家禽屠宰检疫规程》

解读

1 适用范围

本规程规定了家禽的屠宰检疫申报、进入屠宰场（厂、点）监督查验、宰前检查、同步检疫、检疫结果处理以及检疫记录等操作程序。

本规程适用于中华人民共和国境内鸡、鸭、鹅的屠宰检疫。鹌鹑、鸽子等禽类的屠宰检疫可参照本规程执行。

【解读】本条是对家禽屠宰检疫程序及适用范围的规定。

按照《动物防疫法》第二十四条、第二十五条规定，动物屠宰加工场所应符合规定的动物防疫条件，并应取得《动物防疫条件合格证》。农业部、食品药品监管总局《关于进一步加强畜禽屠宰检验检疫和畜禽产品进入市场或者生产加工企业后监管工作的意见》（农医发〔2015〕18号）要求，"动物卫生监督机构不得向非法屠宰企业派驻官方兽医。动物卫生监督机构只能向依法取得《动物防疫条件合格证》或者《畜禽定点屠宰证》的畜禽屠宰企业派驻官方兽医"。目前法律法规对家禽屠宰企业没有办理《畜禽定点屠宰证》的规定，因此本规程规定的屠宰场是指依照法律法规规定符合动物防疫条件并依法取得《动物防疫条件合格证》的家禽屠宰加工场所。

本条对家禽屠宰检疫操作程序进行了列举。家禽屠宰检疫按照屠宰检疫申报、进入屠宰场（厂、点）监督查验、宰前检查、同步检疫、检疫结果处理以及检疫记录依次进行。只有按照法定的检疫程序，检疫结果才是有效的。

本规程适用鸡、鸭、鹅的屠宰检疫，鹌鹑、鸽子等禽类的屠宰检疫可参照本规程。

本规程适用的地域范围是指中华人民共和国境内。依照《中华人民共和国香港特别行政区基本法》和《中华人民共和国澳门特别行政区基本法》规定，本规程不适用于香港特别行政区和澳门特别行政区。

2　检疫对象

高致病性禽流感、新城疫、禽白血病、鸭瘟、禽痘、小鹅瘟、马立克氏病、鸡球虫病、禽结核病。

【解读】本条是对家禽屠宰检疫中检疫对象的规定。

检疫对象就是国务院农业农村主管部门依照法律授权，根据我国动物防疫工作的实际需要和技术条件，确定并公布的需要检疫的特定动物疫病。

本规程规定的检疫对象有 9 种，其中一类动物疫病包括高致病性禽流感、新城疫 2 种；二类动物疫病包括禽白血病、鸭瘟、禽痘、小鹅瘟、马立克氏病、鸡球虫病 6 种；三类动物疫病包括禽结核病 1 种。

根据以上疫病主要易感动物种类，鸡的屠宰检疫对象包括高致病性禽流感、新城疫、禽白血病、禽痘、马立克氏病、鸡球虫病、禽结核病；鸭的屠宰检疫对象包括高致病性禽流感、鸭瘟、禽结核病、禽白血病、球虫病；鹅的屠宰检疫对象包括高致病性禽流感、新城疫、小鹅瘟、鸭瘟、禽痘、禽结核病。

3　检疫合格标准

【解读】本条是对检疫合格标准的规定。

家禽屠宰检疫合格的标准需符合 3.1～3.4 要求。

3.1　入场（厂、点）时，具备有效的《动物检疫合格证明》。

【解读】本条是对入场家禽证物合格标准的规定。

《动物防疫法》第五十一条规定，屠宰、经营、运输的动物，以及用于科研、展示、演出和比赛等非食用性利用的动物，应当附有检疫证明。入场家禽是将要进行屠宰的动物，已经产地检疫，须附有有效的《动物检疫合格证明》。

有效的《动物检疫合格证明》包括形式有效和内容有效。形式有效是指检疫证明必须是农业农村部统一监制样本，格式统一；内容有效指所填检疫证明内容与运输动物种类、数量、健康状况一致。出具的《动物检疫合格证明》须官方兽医手写签字，并加盖检疫专用章。

《农业部关于开展跨省调运畜禽电子出证工作的通知》（农医发〔2016〕34 号）规定，自 2016 年 7 月 6 日起，在全国范围内实行跨省调运畜禽检疫合格证明电子出证。

常见的无效检疫合格证明有以下情形：①超过有效期的；②动物种类、数量、用途与实际不符的；③起运地点、到达地点、运载工具牌号与实际不符的；④动物检疫合格证明与出证系统信息不符的；⑤转让、伪造或变造的检疫证明，其中变造检疫证明是指采用剪贴、挖补、涂改、拼接等方法加工处理改变检疫证明已有项目和内容的行为，包括涂改但不限于涂改；⑥实行电子出证省份手写的检疫证明；⑦其他无效情形。

3.2　无规定的传染病和寄生虫病。

【解读】本条是对家禽屠宰检疫中有关疫病的规定。

本条所述无规定的传染病和寄生虫病是指没有本规程的 9 种检疫对象，即高致病性禽流感、新城疫、禽白血病、鸭瘟、禽痘、小鹅瘟、马立克氏病、鸡球虫病、禽结核病。

3.3　需要进行实验室疫病检测，检测结果合格。

【解读】本条是对家禽屠宰检疫中有关实验室疫病检测的规定。

本规程规定需要实验室疫病检测和农业农村部规定在家禽屠宰活动中必须进行实验室疫病检测的，检测结果符合要求。

3.4　履行本规程规定的检疫程序，检疫结果符合规定。

【解读】本条规定检疫合格是必须履行法定的检疫程序，检疫结果合格。

检疫程序合格指家禽屠宰检疫按照屠宰检疫申报、进入屠宰场（厂、点）监督查验、宰前检查、同步检疫、检疫结果处理以及检疫记录依次进行，缺一不可。

检疫结果符合规定指结果合格，没有在检疫过程中发现本规程规定的 9 种动物疫病。

4 检疫申报

4.1 申报受理 货主应在屠宰前 6 小时申报检疫，填写检疫申报单。官方兽医接到检疫申报后，根据相关情况决定是否予以受理。受理的，应当及时实施宰前检查；不予受理的，应说明理由。

【解读】本条是对屠宰检疫申报时限及是否受理情形的规定。

（1）申报时限 宰前 6 小时。

（2）申报条件 货主申报检疫时，应填写检疫申报单。检疫申报单包括货主姓名、联系电话、报检动物种类、数量及单位、来源、用途、申报时间、货主签字盖章等信息。

（3）申报主体 家禽屠宰场（厂、点）。

（4）受理的，应当及时实施宰前检查。

决定受理后，应当及时派出官方兽医按照约定时间实施宰前检查。

（5）不予受理的，驻场官方兽医应说明原因。例如，报检禽类来源于限制调运区域；检疫证到达地点与屠宰场（厂、点）信息不符；申报主体存在隐瞒、欺骗、违法等影响检疫结果准确性的行为。

发现违法违规行为的，应当依法依规处置。

4.2 申报方式 现场申报。

【解读】本条是对屠宰检疫申报受理方式的规定。

家禽屠宰场（厂、点）向当地县级动物卫生监督机构现场申报。

5 入场（厂、点）监督查验和宰前检查

5.1 查证验物 查验入场（厂、点）家禽的《动物检疫合格证明》。

【解读】本条是对屠宰家禽入场查证验物的规定。

查证验物是指查验《动物检疫合格证明》是否有效，核实入场家禽的种类、数量是否相符。

《动物检疫管理办法》第二十二条规定，官方兽医应当查验进场动物附具的《动物检疫合格证明》，检查待宰动物健康状况，对疑似染疫的动物进行隔离观察。

5.2 询问 了解家禽运输途中有关情况。

【解读】本条是询问家禽运输途中有关情况的规定。

询问家禽承运人的内容应包含运输家禽的种类，数量，起运时间和地点，运载路径，车辆清洗、消毒以及运输过程中染疫，病死，死因不明家禽及处置等情况。

5.3 临床检查 官方兽医应按照《家禽产地检疫规程》中"临床检查"部分实施检查。其中，个体检查的对象包括群体检查时发现的异常禽只和随机抽取的禽只（每车抽60～100只）。

【解读】本条是对家禽宰前检查健康状况的规定。

整体检查：从静态、动态等方面对禽群精神状况、外貌、呼吸状态、运动状态、排泄物状态进行检查，观察有无呼吸困难、咳嗽、缩颈闭眼、分泌物增多，灰白色或淡黄绿色粪便、血便等病态以及死亡的家禽。

个体检查：可查看家禽体温是否正常，在家禽自然活动或被驱赶时，观察其起立姿势、行动姿势、精神状态和排泄姿势，注意有无冠髯暗紫、脚鳞出血、神经症状、步态不稳、运动失调、绿色下痢、咳嗽或呼吸异常现象。个体检查，包括群体检查时发现异常禽只和随机抽取的禽只（每车抽 60～100 只）。

临床检查：详见《家禽产地检疫规程》中"临床检查"部分。

5.4 结果处理

5.4.1 合格的，准予屠宰，并回收《动物检疫合格证明》。

【解读】本条是对入场监督查验和宰前检查合格家禽处理的规定。

经入场监督查验和宰前临床检查合格的，出具《准宰通知书》，准予屠宰。《准宰通知书》应包括畜主姓名、准宰编号、畜别、准宰数量、官方兽医签名、准宰日期，并注明经入场查验和宰前检查合格，准予屠宰。回收《动物检疫合格证明》，做好记录，归档，保存 12 个月以上。

5.4.2 不合格。不符合条件的，按国家有关规定处理。

　　【解读】本条是对家禽入场监督查验和宰前检查不符合条件的处理规定。

　　有下列情形之一的属不合格：①无有效动物检疫合格证明；②证物不相符；③临床检查不合格；④从禁止调运区违规调运；⑤其他违法违规调运行为的。发现违法违规的情形均应依法依规处置。

　　《动物防疫法》第九十七条规定，违反本法第二十九条规定，屠宰、经营、运输动物或者生产、经营、加工、贮藏、运输动物产品的，由县级以上地方人民政府农业农村主管部门责令改正、采取补救措施，没收违法所得、动物和动物产品，并处同类检疫合格动物、动物产品货值金额十五倍以上三十倍以下罚款；同类检疫合格动物、动物产品货值金额不足一万元的，并处五万元以上十五万元以下罚款；其中依法应当检疫而未检疫的，依照本法第一百条的规定处罚。第一百条规定，屠宰、经营、运输的动物未附有检疫证明，经营和运输的动物产品未附有检疫证明、检疫标志的，由县级以上地方人民政府农业农村主管部门责令改正，处同类检疫合格动物、动物产品货值金额一倍以下罚款；对货主以外的承运人处运输费用三倍以上五倍以下罚款，情节严重的，处五倍以上十倍以下罚款。用于科研、展示、演出和比赛等非食用性利用的动物未附有检疫证明的，由县级以上地方人民政府农业农村主管部门责令改正，处三千元以上一万元以下罚款。第一百零三条规定，违反本法规定，转让、伪造或者变造检疫证明、检疫标志或者畜禽标识的，由县级以上地方人民政府农业农村主管部门没收违法所得和检疫证明、检疫标志、畜禽标识，并处五千元以上五万元以下罚款。持有、使用伪造或者变造的检疫证明、检疫标志或者畜禽标识的，由县级以上人民政府农业农村主管部门没收检疫证明、检疫标志、畜禽标识和对应的动物、动物产品，并处三千元以上三万元以下罚款。第一百零四条规定，违反本法规定，有下列行为之一的，由县级以上地方人民政府农业农村主管部门责令改正，处三千元以上三万元以下罚款：①擅自发布动物疫情的；②不遵守县级以上人民政府及其农业农村主管部门依法作出的有关控制动物疫病规定的；③藏匿、转移、盗掘已被依法隔离、封存、处理的动物和动物产品的。

实验室检测确认为本规程规定疫病的，在农业农村主管部门监督下按照《病死及病害动物无害化处理技术规范》（农医发〔2017〕25 号）进行处理。

> **5.4.2.1** 发现有高致病性禽流感、新城疫等疫病症状的，限制移动，并按照《动物防疫法》《重大动物疫情应急条例》《动物疫情报告管理办法》和《病害动物和病害动物产品生物安全处理规程》（GB 16548）等有关规定处理。

【解读】本条是对发现有高致病性禽流感、新城疫等疫病的处理规定。

发现有高致病性禽流感、新城疫等疫病症状的，要采取以下措施：

1. 疫情报告

（1）《动物防疫法》第三十一条规定，从事动物检验检疫以及动物屠宰、运输等活动的单位和个人，发现动物染疫或者疑似染疫的，应当立即向所在地农业农村主管部门或者动物疫病预防控制机构报告，并迅速采取隔离等控制措施，防止动物疫情扩散。其他单位和个人发现动物染疫或者疑似染疫的，应当及时报告。接到动物疫情报告的单位，应当及时采取临时隔离控制等必要措施，防止延误防控时机，并及时按照国家规定的程序上报。

（2）报告内容　①时间、地点；②染疫、疑似染疫动物种类和数量、同群动物数量、免疫情况、死亡数量、临床症状、病理变化、诊断情况；③流行病学和疫源追踪情况；④已采取的控制措施；⑤报告的单位、负责人、报告人及联系方式。

（3）《动物疫情报告管理办法》已废止。按照《农业农村部关于做好动物疫情报告等有关工作的通知》（农医发〔2018〕22号）规定，发现不明原因死亡或怀疑为重大动物疫情的，应当立即快报至县级动物疫病预防控制机构。

动物疫情报告实行快报、月报和年报，符合快报的情形：①发生高致病性禽流感等重大动物疫情；②发生新发动物疫病或新传入动物疫病；③无规定动物疫病区、无规定动物疫病小区发生规定动物疫病；④二、三类动物疫病呈暴发流行；⑤动物疫病的寄主范围、致病性以及病原学特征等发生重大变化；⑥动物发生不明原因急性发病、大量死亡；⑦农业农村部规定需要快报的其他情形。

发现不明原因死亡或怀疑为重大动物疫情的，应当立即快报至县级动物疫病预防控制机构；县级动物疫病预防控制机构应当在2小时内将情况逐级报至省级动物疫病预防控制机构，并同时报所在地人民政府农业农村主管部门；省级动物疫病预防控制机构应当在接到报告后1小时内，报本级人民政府农业农村主管部门确认后报至中国动物疫病预防控制中心；中国动物疫病预防控制中心应当在接到报告后1小时内报至农业农村部畜牧兽医局。

快报应当包括基础信息、疫情概况、疫点情况、疫区及受威胁区情况、流行病学信息、控制措施、诊断方法及结果、疫点位置及经纬度、疫情处置进展以及其他需要说明的信息等内容。进行快报后，县级动物疫病预防控制机构应当每周进行后续报告；疫情被排除或解除封锁、撤销疫区，应当进行最终报告。后续报告和最终报告按快报程序上报。

2. 采取措施

按照《动物防疫法》《重大动物疫情应急条例》和《农业农村部关于做好动物疫情报告等有关工作的通知》（农医发〔2018〕22号）等相关规定采取以下措施：

（1）将疫情信息向当地农业农村主管部门或者动物疫病预防控制机构报告的同时，采取隔离、限制移动等控制措施，防止疫情扩散。

（2）确诊后按照当地人民政府及其农业农村主管部门依法作出的有关控制、扑灭动物疫病的规定以及相关动物疫病防治技术规范处置。

3. 无害化处理

（1）处理对象　根据《病死及病害动物无害化处理技术规范》（农医发〔2017〕25号）规定，以下情形须无害化处理：①国家规定的染疫动物及其产品；②屠宰过程中经检疫或肉品品质检验确认为不可食用的动物产品；③病死或者死因不明的动物尸体；④屠宰前确认的病害动物；⑤其他应当进行无害化处理的动物及动物产品。

（2）处理方法　①焚烧法；②化制法；③高温法；④深埋法；⑤化学处理法。

（3）处理主体　《动物防疫法》第五十六条规定，经检疫不合格的动物、动物产品，货主应当在农业农村主管部门监督下按照国家有关规定处理，处理费用由货主承担。

（4）监督记录　在无害化处理过程中，农业农村主管部门应监督货主进行无害化处理或由货主委托具备资质的无害化处理企业进行无害化处理，货主和无害化处理企业做好无害化处理记录，农业农村主管部门做好监督记录。

> **5.4.2.2**　发现有鸭瘟、小鹅瘟、禽白血病、禽痘、马立克氏病、禽结核病等疫病症状的，患病家禽按国家有关规定处理。

【解读】本条是对发现有鸭瘟、小鹅瘟、禽白血病、禽痘、马立克氏病、禽结核病等疫病的处理规定。

发现有鸭瘟、小鹅瘟、禽白血病、禽痘、马立克氏病、禽结核病等疫病症状的，按照《动物防疫法》规定，及时上报信息，扑杀、销毁患病家禽，并按照《病死及病害动物无害化处理技术规范》（农医发〔2017〕25号）规定进行无害化处理。对患病家禽污染的场所、用具、物品严格进行消毒。

> **5.4.2.3**　怀疑患有本规程规定疫病及临床检查发现其他异常情况的，按相应疫病防治技术规范进行实验室检测，并出具检测报告。实验室检测须由省级动物卫生监督机构指定的具有资质的实验室承担。

【解读】本条是对需要进行实验室检测疫病以及实验室资质的规定。

本规程规定检疫对象的相关疫病防治技术规范，目前农业农村部已颁布有高致病性禽流感、新城疫、马立克氏病、传染性法氏囊病、J-亚群禽白血病防治技术规范。

《农业农村部公告第 2 号》规定，疫病检测报告应当由动物疫病预防控制机构、通过质量技术监督部门资质认定的实验室或通过兽医系统实验室考核的实验室出具。在重大动物疫情防控期间，农业农村部另有规定的，按相关规定执行。

> **5.4.2.4** 发现患有本规程规定以外疫病的，隔离观察，确认无异常的，准予屠宰；隔离期间出现异常的，按《病害动物和病害动物产品生物安全处理规程》（GB 16548）等有关规定处理。

【解读】本条是对发现有本规程规定检疫对象以外疫病的处理规定。

根据《一、二、三类动物疫病病种名录》（农业部公告第 1125 号），除本规程规定 9 种检疫对象以外的疫病还有：二类动物疫病：鸡传染性喉气管炎、鸡传染性支气管炎、鸡传染性法氏囊病、鸡产蛋下降综合征、鸭病毒性肝炎、禽霍乱、鸡白痢、鸡败血支原体感染、鸭浆膜炎、低致病性禽流感、禽网状内皮组织增殖症、禽伤寒；三类动物疫病：鸡病毒性关节炎、禽传染性脑脊髓炎、传染性鼻炎、大肠杆菌病。

发现本规程规定的检疫对象以外动物疫病，且影响家禽产品质量安全的应隔离观察，确认无异常的，准予屠宰；隔离期间出现异常的，按《病死及病害动物无害化处理技术规范》（农医发〔2017〕25 号）等有关规定进行无害化处理。对患病动物污染的场所、用具、物品严格进行消毒。

5.5　消毒　监督场（厂、点）方对患病家禽的处理场所等进行消毒。监督货主在卸载后对运输工具及相关物品等进行消毒。

【解读】本条是对患病家禽污染场所的消毒和卸载后运输工具及相关物品消毒的规定。

监督屠宰场（厂、点）方对患病家禽的处理场所进行清洗、消毒；监督货主对运输车辆、禽笼及有关设备采用喷洒等方式消毒，对粪便等排泄物采用深埋或焚烧等方式进行处理。

6　同步检疫

6.1　屠体检查

【解读】本条是对家禽的屠体检查的规定。

6.1.1　体表　检查色泽、气味、光洁度、完整性及有无水肿、痘疮、化脓、外伤、溃疡、坏死灶、肿物等。

【解读】本条是对家禽体表检查的规定。

视检家禽体表状况，从皮肤的完整性及有无痘疮、肿物、坏死等外观变化来判断家禽是否健康。

主要检疫疫病有以下几种：

高致病性禽流感：头部、颜面部、颈部浮肿；皮肤发绀、出血、坏死。

禽白血病：血管瘤时体表有大小不等的血疱，有的破溃；成红细胞白血病时可见一个或多个羽毛囊出血。

禽痘：在眼睑、喙角、泄殖腔周围、翼下、腹部等身体无毛或羽毛稀少的部位出现丘疹、干硬结节、厚而硬的痂皮等变化。

马立克氏病：皮肤型马立克时，可见病鸡体表的毛囊腔形成结节及小的瘤状物，尤其颈部、翅膀、大腿外侧较为多见。肿瘤结节呈白色或灰黄色，突出于皮肤表面，严重时形成带黄褐色痂皮的疤痕样结构。

禽结核病：无毛处皮肤异常干燥无光泽，部分侵害到肝脏的禽可见黄疸症状。

6.1.2　冠和髯　检查有无出血、水肿、结痂、溃疡及形态有无异常等。

【解读】本条是对家禽冠、髯检查的规定。

视检家禽冠和髯有无出血、水肿、结痂、溃疡等异常情况。

主要检疫疫病有以下几种：

高致病性禽流感：鸡冠、肉髯发绀、肿大、出血、坏死。

新城疫：鸡冠、肉髯暗红色或暗紫色。

禽白血病：鸡冠苍白、皱缩，偶尔发绀。

禽痘：鸡冠、肉髯出现干硬痘疹结节或痂皮。

禽结核病：鸡冠、肉髯苍白贫血、变薄，有时呈淡蓝色或褪色。

6.1.3 眼 检查眼睑有无出血、水肿、结痂，眼球是否下陷等。

【解读】本条是对家禽眼部检查的规定。

视检家禽眼睑是否水肿、结痂；分开眼睑观察眼内有无分泌物，眼球是否下陷，眼结膜是否有出血、溃疡等病变。

主要检疫疫病有以下几种：

高致病性禽流感：眼睑水肿，结膜炎，眼鼻有浆液性或黏液性分泌物。

鸭瘟：眼睑水肿，有的粘连；翻开眼睑可见眼结膜充血、出血，甚至形成小溃疡灶。

禽痘：眼部肿胀，结膜发炎，眼内有脓性或纤维素性渗出物。

马立克氏病：当发生眼型马立克氏病时，病鸡眼睛虹膜失去正常色素，呈同心环状或斑点状，瞳孔边缘不整，严重的瞳孔只有针尖大小，该型极少发生。

6.1.4 爪 检查有无出血、淤血、增生、肿物、溃疡及结痂等。

【解读】本条是对家禽爪部检查的规定。

视检家禽爪部，观察有无出血、淤血、增生、溃疡等外观变化来判断家禽是否健康。

主要检疫疫病有以下两种：

高致病性禽流感：腿、脚部鳞片淤血、出血。

禽白血病：发生血管瘤时爪部有血疱，有时破溃、出血。

6.1.5　肛门　检查有无紧缩、淤血、出血等。

【解读】本条是对家禽肛门检查的规定。

视检家禽肛门，观察有无紧缩、淤血、出血等病变，必要可翻开泄殖腔黏膜进行观察。

主要检疫疫病有以下两种：

鸭瘟：泄殖腔黏膜充血、出血、水肿，严重者黏膜外翻。翻开肛门，可见泄殖腔黏膜有黄绿色假膜，不易剥离。

小鹅瘟：泄殖腔扩张，挤压时有黄白色或黄绿色稀粪流出。

6.2　抽检　日屠宰量在1万只以上（含1万只）的，按照1%的比例抽样检查，日屠宰量在1万只以下的抽检60只。抽检发现异常情况的，应适当扩大抽检比例和数量。

6.2.1　皮下　检查有无出血点、炎性渗出物等。

【解读】本条是对家禽皮下检查的规定。

剖开皮肤，观察皮下有无出血、炎性渗出等病变。

主要检疫疫病有以下几种：

高致病性禽流感：皮下水肿或淡黄色胶冻样浸润，出血。

鸭瘟：头颈部肿胀的鸭、鹅颈部、胸腹部皮下组织有黄色胶样浸润。

小鹅瘟：全身皮下，尤其头部皮下有紫红色出血斑块，有的融合成大片紫癜。

6.2.2 肌肉 检查颜色是否正常，有无出血、淤血、结节等。

【解读】本条是对家禽肌肉检查的规定。

剖开皮肤，暴露胸肌、腿肌，观察肌肉有无出血、淤血、结节等病变。

主要检疫疫病有以下几种：

高致病性禽流感：常见胸肌出血。

禽白血病：成红细胞性白血病时，肌肉常有出血点。

马立克氏病：偶见胸肌有白色结节状肿瘤。

6.2.3 鼻腔 检查有无淤血、肿胀和异常分泌物等。

【解读】本条是对家禽鼻腔检查的规定。

将禽只上喙、下喙分离，从鼻孔处将上喙横断，观察鼻腔内有无淤血、肿胀、分泌物增多等变化。

主要检疫疫病有以下两种：

新城疫：鼻腔内充满大量黏液。

鸭瘟：鼻孔、鼻窦内有污秽的分泌物。

6.2.4 口腔 检查有无淤血、出血、溃疡及炎性渗出物等。

【解读】本条是对家禽口腔检查的规定。

从两侧嘴角将上喙与下喙分开，暴露口腔，观察口腔内有无淤血、出血、溃疡及炎性渗出物等。

主要检疫疫病有以下几种：

新城疫：口腔中有多量黏液和污物，咽部黏膜充血，偶有出血。

鸭瘟：口腔黏膜有淡黄色假膜覆盖，剥离后为出血或溃疡。

禽痘：口腔黏膜有稍隆起的白色结节，或黄色干酪样白喉样膜，剥离后可见出血、糜烂。

6.2.5 喉头和气管 检查有无水肿、淤血、出血、糜烂、溃疡和异常分泌物等。

【解读】本条是对家禽喉头和气管检查的规定。

拽住下喙，撕开颈部皮肤，用剪刀剖开喉头与气管，观察有无异常分泌物及水肿、淤血、出血、糜烂、溃疡等病变。

主要检疫疫病有以下几种：

高致病性禽流感：喉头、气管出血，分泌物增多。

新城疫：喉头有黏液，黏膜充血，偶有出血；气管内积有多量黏液，气管环出血明显。

禽痘：喉头、气管黏膜表面有痘疹，有时融合为大片假膜，并黏附有黄色干酪样物。

6.2.6 气囊 检查囊壁有无增厚浑浊、纤维素性渗出物、结节等。

【解读】本条是对家禽气囊检查的规定。

打开腹腔与胸腔，轻轻分离腹腔脏器与两侧腹壁，可见腹气囊，在肺后侧及心脏两侧可见后胸气囊，观察两处气囊有无增厚、浑浊、纤维素性渗出、结节等病变。

6.2.7 肺脏 检查有无颜色异常、结节等。

【解读】本条是对家禽肺脏检查的规定。

观察两侧肺脏有无颜色异常、结节等病变。

主要检疫疫病有以下几种：

高致病性禽流感：肺脏充血、水肿、出血。

新城疫：有时可见肺淤血、水肿。

禽白血病：肺部可见灰白色或淡灰黄色肿瘤，常为结节状、粟粒状或弥漫性。

小鹅瘟：肺脏不同程度充血，两侧肺叶后缘有暗红色出血斑。

马立克氏病：一侧或两侧肺脏有灰白色肿瘤，肺脏呈实质状，质硬。

6.2.8 肾脏 检查有无肿大、出血、苍白、尿酸盐沉积、结节等。

【解读】本条是对家禽肾脏检查的规定。

打开腹腔后，将腹腔脏器剥离腹腔，肾脏镶嵌于腹腔背侧壁的肾窝内，观察有无肿大、出血、苍白、尿酸盐沉积、结节等病变。

主要检疫疫病有以下几种：

高致病性禽流感：肾脏肿大，偶有坏死或尿酸盐沉积。

新城疫：肾脏有时有充血、水肿，输尿管内有尿酸盐沉积。

禽白血病：肾脏肿瘤较为常见，多为白色到灰白色结节状、粟粒状或弥漫性。

小鹅瘟：肾脏稍肿大，呈深红色或紫红色，质脆易碎；输尿管扩张，有白色尿酸盐沉积。

马立克氏病：肾脏弥漫性肿大，或有黄白色结节状肿瘤。

> **6.2.9 腺胃和肌胃** 检查浆膜面有无异常。剖开腺胃，检查腺胃黏膜和乳头有无肿大、淤血、出血、坏死灶和溃疡等；切开肌胃，剥离角质膜，检查肌层内表面有无出血、溃疡等。

【解读】 本条是对家禽腺胃与肌胃检查的规定。

在食道与腺胃交界处将消化道横断，剥离腺胃与肌胃，观察浆膜面有无肿胀、出血、结节等异常；剖开腺胃，检查腺胃黏膜和乳头有无肿大、淤血、出血、坏死灶和溃疡等；剖开肌胃，剥离角质层，检查肌层内表面有无出血、溃疡等病变。

主要检疫疫病有以下几种：

高致病性禽流感：腺胃乳头出血，肌胃角质层下出血，腺胃与肌胃交界处出血。

新城疫：食道与腺胃交界处有出血斑或出血带；腺胃乳头肿胀、出血，严重者乳头间胃壁出血；腺胃、肌胃交界处出血明显；肌胃角质层下出血，有时形成粟粒状不规则的溃疡。

禽白血病：J-亚型白血病有时可在腺胃形成黄白色结节状小肿瘤。

鸭瘟：食道膨大部与腺胃交界处有出血带或灰黄色坏死带；腺胃黏膜有出血斑点；肌胃角质层下有充血、出血。

小鹅瘟：腺胃黏膜表面有多量淡灰色黏液附着；肌胃角质膜黏

腻，易剥离。

马立克氏病：腺胃肿大、增厚，质地变硬，浆膜苍白，切开后可见黏膜出血或溃疡。

6.2.10 肠道 检查浆膜有无异常。剖开肠道，检查小肠黏膜有无淤血、出血等，检查盲肠黏膜有无枣核状坏死灶、溃疡等。

【解读】本条是对家禽肠道检查的规定。

观察肠道浆膜面有无充血、出血等病变；剖开肠道，清除肠内容物，检查肠道黏膜有无淤血、出血、坏死、溃疡等病变；观察盲肠扁桃体有无肿胀、出血、坏死等病变。

主要检疫疫病有以下几种：

高致病性禽流感：十二指肠充血、出血；直肠末端及泄殖腔充血、出血；盲肠扁桃体肿胀、出血。

新城疫：肠道充血、出血严重，以十二指肠和直肠后段明显。十二指肠浆膜、黏膜都有出血；直肠黏膜皱褶呈条状出血，有的可见黄色纤维素性坏死点；肠淋巴滤泡肿胀，突出于肠黏膜表面，病程长的形成纤维素性假膜，去掉假膜，可见溃疡；盲肠扁桃体肿胀、出血、坏死。

鸭瘟：肠黏膜充血、出血，以十二指肠和直肠最为严重，空肠与回肠有时有环状出血带；泄殖腔黏膜水肿、出血，局部表面覆盖有一层灰褐色或绿色坏死结痂，不易剥离；鹅发生鸭瘟时肠道淋巴滤泡肿胀，甚至形成砂粒大至蚕豆大的绿色或灰黄色假膜性坏死灶。

小鹅瘟：空肠与回肠常有急性卡他性肠炎或纤维素性坏死性肠

炎。常见肠黏膜坏死、脱落，脱落的肠黏膜与肠壁纤维素性渗出物形成扁平带状栓子，或包裹在肠内容物表面，形成腊肠状栓子，堵塞肠腔。腊肠状栓子常见于卵黄蒂附近或回盲部。

马立克氏病：肠道有时可形成肿瘤结节。

鸡球虫病：盲肠球虫时可见盲肠肿大，充满血液或血凝块，病程长的盲肠萎缩，内容物少，整个盲肠呈粉红色。急性小肠球虫病时，小肠中段高度肿胀或气胀，有时可达正常的2倍以上，肠壁充血、出血和坏死，肠黏膜肿胀、增厚，肠内容物中含有多量血液、血凝块和坏死脱落的上皮组织。慢性小肠球虫病时可见十二指肠苍白，含水样液体，肠黏膜变薄，有横纹状白斑，外观呈梯状；也有的表现小肠中段肠腔胀气、肠壁增厚，肠道内有黄色至橙色的黏液或血样物。

禽结核病：肠道有白色坚硬结节，突出于浆膜表面，大结节有豌豆大到鸡蛋大，表面凹凸不平，棕黄色；小结节似高粱状，表面光滑，黄白色有珍珠光泽。肠系膜常呈典型的"珍珠病"。

6.2.11　肝脏和胆囊　检查肝脏形状、大小、色泽及有无出血、坏死灶、结节、肿物等。检查胆囊有无肿大等。

【解读】本条是对家禽肝脏与胆囊检查的规定。

观察肝脏色泽及有无肿胀、出血、坏死、结节等病变；观察胆囊有无肿胀及胆汁色泽变化。

主要检疫疫病有以下几种：

高致病性禽流感：肝脏肿大，偶有坏死。

禽白血病：肝脏肿瘤最为常见。结节状肿瘤多呈白色到灰白色，切面均匀如脂肪样；粟粒状肿瘤均匀分布于整个肝脏；

弥漫性肿瘤时肝脏比正常增大数倍，色泽呈灰白色，质地脆弱。

鸭瘟：肝脏轻度肿大，肝表面有大小不等的灰黄色或灰白色坏死灶，少数坏死灶中央有出血点，或外周有环状出血带。胆囊肿大，充满黏稠的胆汁。

小鹅瘟：肝脏稍肿大，呈紫红色或黄红色，少数有针头大到粟粒大的坏死灶；胆囊显著膨大，充满暗绿色的胆汁，胆囊壁松弛。

马立克氏病：肝脏肿大、质脆，有时为弥漫性肿瘤，有时为灰白色粟粒状或结节状肿瘤。

禽结核病：肝脏肿大，呈棕色、土黄色或黄灰色，质脆。表面布满圆形、椭圆形或不规则的黄色或黄白色粟粒大至鸡蛋大的结核结节。大结节常呈不规则瘤样轮廓，表面有较小颗粒或结节，结节坚实，但容易切开，一般不发生钙化。

6.2.12　脾脏　检查形状、大小、色泽及有无出血和坏死灶、灰白色或灰黄色结节等。

【解读】本条是对家禽脾脏检查的规定。

观察脾脏形状、大小色泽及有无出血、坏死、结节等病变。

主要检疫疫病有以下几种：

高致病性禽流感：脾脏肿大，偶有坏死。

禽白血病：体积增大，有灰白色肿瘤结节。

鸭瘟：脾脏略肿大，暗褐色，有的有大小不等的灰白色坏死点。

小鹅瘟：脾脏不肿大，质地柔软，紫红色或暗红色，偶有灰白色坏死点。

马立克氏病：脾脏肿大 3～7 倍不等，表面可见针尖大到米粒大的肿瘤结节。

禽结核病：脾脏表面有不规则的浅灰黄色或灰白色、大小不等的结核结节。结节坚硬，外包一层纤维素性包膜，切开后可见不同数量的黄色小病灶，或在其中心形成柔软的黄色干酪样坏死区，通常不钙化。

6.2.13 心脏 检查心包和心外膜有无炎症变化等，心冠状沟脂肪、心外膜有无出血点、坏死灶、结节等。

【解读】本条是对家禽心脏检查的规定。

观察心包、心外膜、心内膜、心冠脂肪有无出血，观察心肌有无坏死、结节等病变。

主要检疫疫病有以下几种：

高致病性禽流感：心冠脂肪、心外膜、心内膜出血，心肌有黄白色条纹状坏死。

新城疫：心外膜、心冠脂肪有出血点。

禽白血病：有时有灰白色肿瘤结节。

马立克氏病：可见有一个或多个黄白色肿瘤，突出于心肌表面，米粒大到黄豆大。

6.2.14 法氏囊（腔上囊） 检查有无出血、肿大等。剖检有无出血、干酪样坏死等。

【解读】本条是对家禽法氏囊检查的规定。

将肠道翻出到腹腔外，并向尾部方向拉拽直肠，可使位于泄殖腔背侧的法氏囊凸出，观察浆膜面有无水肿、出血、结节，剖开观察腔内有无出血、干酪样渗出等病变。

主要检疫疫病有以下几种：

高致病性禽流感：法氏囊萎缩。

禽白血病：法氏囊肿大，切开可见小结节状肿瘤，有时不太明显。

鸭瘟：法氏囊有点状出血。

马立克氏病：法氏囊通常萎缩。

6.2.15　体腔　检查内部清洁程度和完整度，有无赘生物、寄生虫等。检查体腔内壁有无凝血块、粪便和胆汁污染和其他异常等。

【解读】本条是对家禽体腔检查的规定。

各脏器检查结束后，清空体腔，观察胸腔、腹腔内部清洁程度和完整度，有无赘生物、寄生虫等。检查体腔内壁有无凝血块、粪便和胆汁污染和其他异常等。

6.3　复检　官方兽医对上述检疫情况进行复查，综合判定检疫结果。

【解读】本条是对复检的规定。

官方兽医在同步检疫各环节结束后，应对检疫过程进行回顾性检查，确认各环节操作步骤是否正确实施，是否发现异常情况，并可根据情况对已屠宰家禽的屠体和内脏进行再次抽检。根据复查情况综合判定结果。

6.4　结果处理

6.4.1　合格的，由官方兽医出具《动物检疫合格证明》，加施检疫标志。

【解读】本条是对检疫合格家禽产品处理的规定。

（1）检疫合格的，由官方兽医出具《动物检疫合格证明》，对分割包装加施检疫标志。《动物检疫合格证明》双联打印，第一联为检疫工作记录，应保存 12 个月以上；第二联随货同行。

《动物检疫合格证明》填写和使用规范如下：

①填写和使用基本要求　家禽产品《动物检疫合格证明》根据适用范围分为产品 A（用于跨省境出售或者运输动物产品）和产品 B（用于省内出售或者运输动物产品），根据《农业部关于印发动物检疫合格证明等样式及填写应用规范的通知》，它们的填写和使用基本要求是：

1）《动物检疫合格证明》的出具机构及人员必须依法享有出证权，并需签字盖章方为有效。

2）严格按适用范围出具《动物检疫合格证明》，混用无效。

3）《动物检疫合格证明》涂改无效。

4）《动物检疫合格证明》所列项目要逐一填写，内容简明准确，字迹清晰。

5）不得将《动物检疫合格证明》填写不规范的责任转嫁给合法持证人。

6）《动物检疫合格证明》用蓝色或黑色钢笔、签字笔或打印填写。目前，全国大部分地区已实现电子出证，打印的字迹应清晰、规范；只有极个别地区还采用手写，但官方兽医签字必须手写。

②填写规范

《动物检疫合格证明》(产品 A) 填写规范：

1) 适用范围　用于跨省境出售或运输动物产品。

2) 项目填写

货主：货主为个人的，填写个人姓名；货主为单位的，填写单位名称。联系电话：填写移动电话；无移动电话的，填写固定电话。

产品名称：填写动物产品的名称，如"鸭肉""鸭毛"等，不得只填写为"肉""毛"。

数量及单位：数量及单位连写，不留空格。数量及单位以汉字填写，如叁拾千克、陆佰枚。

生产单位名称地址：填写生产单位全称及生产场所详细地址。

目的地：填写到达地的省、市、县名。

承运人：填写动物承运者的名称或姓名；公路运输的，填写车辆行驶证上法定车主名称或名字。联系电话：填写承运人的移动电话或固定电话。

运载方式：根据不同的运载方式，在相应的"□"内划"√"。

运载工具牌号：填写车辆牌照号及船舶、飞机的编号。

运载工具消毒情况：写明消毒药名称。

到达时效：视运抵到达地点所需时间填写，最长不得超过 7 天，用汉字填写。

动物卫生监督检查站签章：由途经的每个动物卫生监督检查站签章，并签署日期。

签发日期：用简写汉字填写。如二〇一二年四月十六日。

备注：有需要说明的其他情况可在此栏填写，如作为分销换证用，应在此注明原检疫证明号码及必要的基本信息。

动物检疫合格证明 (产品 A)

（全国统一动物卫生证据）
（中华人民共和国农业农村部）

编号：

货 主		联系电话	
产品名称		数量及单位	
生产单位 名称地址			
目的地	省　　市（州）　　县（市、区）		
承运人		联系电话	
运载方式	□公路　□铁路　□水路　□航空		
运载工具 牌号		装运前经＿＿＿＿＿消毒	

本批动物产品经检疫合格，应于＿＿＿＿日内到达有效。

官方兽医签字：＿＿＿＿＿＿

签发日期：＿＿＿＿＿年＿＿月＿＿日

（动物卫生监督所检疫专用章）

第
联

动物卫生 监督检查 站签章	
备注	

共
二
联

注：1. 本证书一式两联，第一联由动物卫生监督所留存，第二联随货同行。

2. 动物卫生监督所联系电话：＿＿＿＿＿＿＿＿＿＿。

《动物检疫合格证明》（产品 B）填写规范：

1）适用范围　用于省内出售或运输动物产品。

2）项目填写

货主：货主为个人的，填写个人姓名；货主为单位的，填写单位名称。

产品名称：填写动物产品的名称，如"鸭肉""鸭毛"等，不得只填写为"肉""毛"。

数量及单位：数量及单位连写，不留空格。数量及单位以汉字填写，如叁拾千克、伍拾张、陆佰枚。

生产单位名称地址：填写生产单位全称及生产场所详细地址。

目的地：填写到达地的市、县名。

检疫标志号：填写动物产品检疫粘贴标志号。

备注：有需要说明的其他情况可在此栏填写。

动 物 检 疫 合 格 证 明 （产品 B）

编号：

货　　主		产品名称	
数量及单位		产　　地	
生产单位名称地址			
目的地			
检疫标志号			
备　　注			

本批动物产品经检疫合格，应于当日内到达有效。

官方兽医签字：_____

签发日期：_____年____月____日

（动物卫生监督所检疫专用章）

第二联　共二联

注：1. 本证书一式两联，第一联由动物卫生监督所留存，第二联随货同行。

2. 本证书限省境内使用。

(2) 根据《农业农村部办公厅关于规范动物检疫验讫证章和相关标志样式等有关要求的通知》（农办牧〔2019〕28号）要求，一是变更动物检疫证明及标识监制章，动物检疫合格证明及相关标志监制章上的"中华人民共和国农业部监制章"变为"中华人民共和国农业农村部监制章"；二是启用新型动物产品检疫粘贴标志，增加了防水珠光膜（样式见农办牧〔2019〕28号文件）。

6.4.2 不合格的，由官方兽医出具《动物检疫处理通知单》，并按以下规定处理。

【解读】本条是对检疫不合格禽产品处理的规定。

经检疫不合格的禽产品，应及时隔离，避免与检疫合格禽产品接触，降低传染的风险，由官方兽医出具《动物检疫处理通知单》，并按6.4.2.1～6.4.2.2规定处理。

6.4.2.1 发现患有本规程规定疫病的，按5.4.2.1、5.4.2.2和有关规定处理。

【解读】本条是对患有本规程规定疫病的处理规定。

按《病死及病害动物无害化处理技术规范》（农医发〔2017〕25）进行处理，处理方式详见5.4.2.1、5.4.2.2【解读】。

6.4.2.2 发现患有本规程规定以外其他疫病的，患病家禽屠体及副产品按《病害动物和病害动物产品生物安全处理规程》（GB 16548）的规定处理，污染的场所、器具等按规定实施消毒，并做好《生物安全处理记录》。

【解读】本条是对患有本规程规定以外疫病的处理规定。

发现患有本规程规定以外动物传染病和寄生虫病的，监督屠宰场（点）方对家禽屠体及副产品按《病死及病害动物无害化处理技术规范》（农医发〔2017〕25号）进行处理，对污染的场所、器具等按国家规定进行消毒，并做好《生物安全处理记录》。

生物安全处理记录

序号	产品名称	数量	处理方式	处理结果	记录人	时间
1						
2						
3						
...						

6.4.3 监督场（厂、点）方做好检疫病害动物及废弃物无害化处理。

【解读】本条是对监督屠宰场（厂、点）做好检出病害家禽及产品和废弃物无害化处理的规定。

6.5 官方兽医在同步检疫过程中应做好卫生安全防护。

【解读】本条是对官方兽医在同步检疫过程中做好卫生安全防护的规定。

官方兽医在同步检疫过程中，接触所有可能具有传染性的禽产品和检疫相关工具时，必须做好卫生安全防护。一是各检疫岗位光线充足，视野清晰；二是检疫过程规范使用检疫器具，全程佩戴手套和防渗围裙，操作完毕立即消毒；三是使用紫外线消毒的地方，不能使紫外线直接照射到工作人员；四是配备好人员防护、应急处理物资。

7 检疫记录

7.1 官方兽医应监督指导屠宰场方做好相关记录。

【解读】本条是对官方兽医应监督指导屠宰场（厂、点）方做好各个环节记录的规定。

7.2 官方兽医应做好入场监督查验、检疫申报、宰前检查、同步检疫等环节记录。

【解读】本条是对官方兽医应做好各个环节记录的规定。

记录包括检疫申报单、入场监督查验和宰前检查日记录表、同步检疫记录表、检疫处理通知单等（见附录三、附录四）。

7.3 检疫记录应保存 12 个月以上。

【解读】本条是对检疫记录保存时间的规定。

各项检疫记录应当保存 12 个月以上。一是确保流向市场的禽产品可追溯，二是做到检疫工作有痕迹。

《跨省调运种禽产地检疫

规程》解读

1　适用范围

本规程适用于中华人民共和国境内跨省（自治区、直辖市）调运种鸡、种鸭、种鹅及种蛋的产地检疫。

【解读】本条是对本规程适用范围的规定。

本规程适用的地域范围是指中华人民共和国境内，根据《中华人民共和国香港特别行政区基本法》和《中华人民共和国澳门特别行政区基本法》规定，不适用于香港、澳门两个特别行政区。进出境种禽及种蛋的检疫适用《中华人民共和国进出境动植物检疫法》。

本规程适用的种类范围是种鸡、种鸭、种鹅及种蛋。

2　检疫合格标准

【解读】本条是对检疫合格标准的规定。

2.1　符合农业农村部《家禽产地检疫规程》要求。

【解读】本条是对跨省调运合格标准执行法规的规定。

《畜牧法》第二十九条规定，销售的种禽必须符合种用标准。销售种禽时，应当附种禽场出具的种畜禽合格证明、动物卫生监督机构出具的检疫合格证明。

种禽及种蛋跨省调运须符合《家禽产地检疫规程》中关于家禽检疫合格标准的规定。须达到以下 7 方面要求：①来自非封锁区或未发生相关动物疫情的饲养场、养殖户；②按国家规定进行了强制免疫，并在有效保护期内；③养殖档案相关记录符合规定；④临床检查健康；⑤《家禽产地检疫规程》规定需进行实验室检测的，检测结果合格；⑥调运的种禽须符合种用动物健康标准；⑦调运种蛋的，其供体动物须符合种用动物健康标准。

2.2 符合农业农村部规定的种用动物健康标准。

【解读】本条是对跨省调运种用动物健康标准的规定。

目前国家没有发布种用动物健康标准，建议种禽健康标准应至少包括：①临床健康；②最近6个月内，未发生高致病性禽流感、新城疫、鸡传染性喉气管炎、鸡传染性支气管炎、鸡传染性法氏囊病、马立克氏病、禽痘、鸭瘟、小鹅瘟、鸡白痢、鸡球虫病、鸡病毒性关节炎、禽白血病、禽脑脊髓炎、禽网状内皮组织增殖症、鸡产蛋下降综合征、鸭病毒性肝炎等疫情；③按规定对强制免疫病种进行免疫，免疫抗体合格率达到国家要求；④调运种蛋的，查验其采集、消毒等记录，确认对应供体及其健康状况；⑤高致病性禽流感、禽白血病病原学检测阴性，抗体检测符合规定；鸭瘟、小鹅瘟病原学检测阴性；新城疫抗体检测符合规定；禽网状内皮组织增殖症抗体检测阴性。

2.3 提供本规程规定动物疫病的实验室检测报告，检测结果合格。

【解读】本条是对需要实验室检测检疫合格的规定。

由于种禽经济价值较高、饲养周期较长，发生疫病的风险较大，如果带菌（毒），将对养殖业带来严重危害。《动物防疫法》规定，种禽应当符合国务院农业农村主管部门规定的健康标准，按照国务院农业农村主管部门的要求，定期开展动物疫病检测。

本规程所指需要实验室检测的动物疫病是指本规程3.4.2规定的8种病种，其中种鸡4种：高致病性禽流感、新城疫、禽白血病、禽网状内皮组织增殖症；种鸭2种：高致病性禽流感、鸭瘟；种鹅2种：高致病性禽流感、小鹅瘟。

本规程所指实验室是指《农业农村部公告第2号》规定的实验室，动物疫病检测报告由动物疫病预防控制机构、通过质量技术监督部门资质认定的或通过兽医系统实验室考核的实验室出具。

实验室检测主要包括病种的病原学检测和抗体检测。对各种病种的检测方法、数量、时限以及结果处理，本规程均有明确规定（实验室检测具体要求见附录五）。

2.4 种蛋的收集、消毒记录完整，其供体动物符合本规程规定的标准。

【解读】本条是对种蛋检疫合格标准的规定。

疫病可以通过种蛋垂直传播给后代，造成扩散。国家对种蛋在相关法律法规中均有单列条款进行规定，有着较为严格的检疫措施。

参照《畜牧法》第二十九条规定，参考对生产家畜卵子、冷冻精液、胚胎等遗传材料的规定，种蛋也应当有完整的收集、消毒等记录，记录应当保存2年。其中收集记录至少应包含收集供体品种、供体系谱、收集时间、收集地点等要素；消毒记录至少应包含消毒时间、消毒方法、消毒次数、消毒药品、消毒后保存地点、消毒人员等要素。

《动物检疫管理办法》规定，出售、运输的种蛋须达到以下条件：①来自非封锁区，或者未发生相关动物疫情的种用动物饲养场；②供体动物按照国家规定进行了强制免疫，并在有效保护期内；③农业农村部规定需要进行实验室疫病检测的，检测结果符合要求；④供体动物的养殖档案相关记录符合农业农村部规定等条件的，官方兽医方可出具《动物检疫合格证明》。

2.5　种用雏禽临床检查健康，孵化记录完整。

【解读】本条是对雏禽检疫合格标准的规定。

《动物检疫管理办法》规定，出售或运输的动物，需临床检查健康。

临床检查健康是指采用群体检查法和个体检查法检查动物无异常。群体检查主要从静态、动态和食态等方面进行检查。检查禽群精神状况、外貌、呼吸状态、运动状态、饮水饮食及排泄物状态等。个体检查是通过视诊、触诊、听诊等方法，检查家禽个体精神状况、体温、呼吸、羽毛、天然孔、冠、髯、爪、粪，触摸嗉囊内容物性状等。

除通过上述方法对种雏禽进行临床检查外，还应查看该批次种雏禽的孵化记录。孵化记录至少包括上蛋日期、蛋数、种蛋来源、照蛋情况、孵化结果、孵化期内的温湿度变化和苗雏健康状况等。

3　检疫程序

【解读】本条是对跨省调运种禽产地检疫程序的规定。

包括申报受理、查验资料、临床检查及实验室检测四项程序。

3.1 申报受理

动物卫生监督机构接到检疫申报后，确认《跨省引进乳用种用动物检疫审批表》有效，并根据当地相关动物疫情情况，决定是否予以受理。受理的，应当及时派官方兽医到场实施检疫；不予受理的，应说明理由。

【解读】本条是对跨省调运种禽及种蛋检疫申报的规定。

(1) 申报时限　《动物检疫管理办法》规定，出售、运输种禽及种蛋，应当提前 15 天申报检疫。

(2) 其余可参照《家禽产地检疫规程》4.1 解读。

3.2 查验资料

【解读】本条是对申报检疫时需要查验的资料的规定。

3.2.1 查验饲养场的《种畜禽生产经营许可证》和《动物防疫条件合格证》。

【解读】本条是对查验饲养场《种畜禽生产经营许可证》和《动物防疫条件合格证》（以下简称"两证"）的规定。

(1)《种畜禽生产经营许可证》的查验　《种畜禽生产经营许可证》主要查验单位名称、单位地址、法人、生产范围、经营范围是否与实际一致，证件是否在有效期内，是否存在伪造、变造、转让等情况等。

(2)《动物防疫条件合格证》的查验　《动物防疫条件合格证》

主要查验单位名称、单位地址、法人、经营范围是否与实际一致，是否存在伪造、变造、转让等情况等。

3.2.2 按《家禽产地检疫规程》要求查验养殖档案。

【解读】本条是对查验受检种禽养殖档案和相关信息的规定。

(1)《畜牧法》第四十一条规定，畜禽养殖场应当建立养殖档案，载明畜禽的品种、数量、繁殖记录、标识情况、来源和进出场日期；饲料、饲料添加剂、兽药等投入品的来源、名称、使用对象、时间和用量；检疫、免疫、消毒情况；畜禽发病、死亡和无害化处理情况；国务院畜牧兽医行政主管部门规定的其他内容。从中可以看出，畜禽养殖场有建立养殖档案的强制性义务，需要严格遵守。

(2) 种禽及种蛋跨省调运需符合《家禽产地检疫规程》中关于家禽检疫查验资料的规定。内容包括：官方兽医应查验饲养场《动物防疫条件合格证》和养殖档案，了解生产、免疫、监测、诊疗、消毒、无害化处理等情况，确认饲养场6个月内未发生相关动物疫病，确认禽只已按国家规定进行强制免疫，并在有效保护期内。

3.2.3 调运种蛋的，还应查验其采集、消毒等记录，确认对应供体及其健康状况。

【解读】本条是对调运种蛋的产地检疫需查验内容的规定。

调运种蛋的，除查验其供体的3.2.1～3.2.2的全部资料外，还应查验其采集、消毒等记录，确认对应供体及其健康状况。其中，采集记录至少应包含采集供体品种、供体系谱、采集时间、采集地点、采集数量、采集人员等要素。消毒记录至少应包含消毒时间、消毒方法、消毒次数、消毒药品、消毒后保存地点、消毒人员等要素。种蛋供体查验参照本规程 2.4【解读】。

3.3 临床检查

按照《家禽产地检疫规程》要求开展临床检查外，还需做下列疫病检查。

【解读】 本条是对临床检查外内容的规定。

《动物检疫管理办法》规定，出售或运输的动物，需临床检查健康。

临床检查健康是指采用群体检查法和个体检查法检查动物有无异常。群体检查主要从静态、动态和食态等方面进行检查，检查禽群精神状况、外貌、呼吸状态、运动状态、饮水饮食及排泄物状态等。个体检查主要通过视诊、触诊、听诊等方法检查家禽个体精神状况、体温、呼吸、羽毛、天然孔、冠、髯、爪、粪，触摸嗉囊内容物性状等。

除《家禽产地检疫规程》要求的高致病性禽流感、新城疫、鸡传染性喉气管炎、鸡传染性支气管炎、鸡传染性法氏囊病、马立克氏病、禽痘、鸭瘟、小鹅瘟、鸡白痢、鸡球虫病 11 种疫病外，种禽临床检查内容还包括：鸡病毒性关节炎、禽白血病、禽脑脊髓炎、禽网状内皮组织增殖症 4 种疫病，共 15 种疫病。

3.3.1 发现跛行、站立姿势改变、跗关节上方腱囊双侧肿大、难以屈曲等症状的，怀疑感染鸡病毒性关节炎。

【解读】本条是对疑似感染鸡病毒性关节炎典型临床症状的表述。

> **3.3.2** 发现消瘦、头部苍白、腹部增大、产蛋下降等症状的，怀疑感染禽白血病。

【解读】本条是对疑似感染禽白血病典型临床症状的表述。

> **3.3.3** 发现精神沉郁、反应迟钝、站立不稳、双腿缩于腹下或向外叉开、头颈震颤、共济失调或完全瘫痪等症状，怀疑感染禽脑脊髓炎。

【解读】本条是对疑似感染禽脑脊髓炎典型临床症状的表述。

> **3.3.4** 发现生长受阻、瘦弱、羽毛发育不良等症状的，怀疑感染禽网状内皮组织增殖症。

【解读】本条是对疑似感染禽网状内皮组织增殖症典型临床症状的表述。

> **3.4 实验室检测**

【解读】本条是对实验室检测资质及检测疫病种类的规定。

包括本条 3.4.1～3.4.2 的对实验室检测资质及检测疫病种类的所有规定。

3.4.1 实验室检测须由省级动物卫生监督机构指定的具有资质的实验室承担，并出具检测报告（实验室检测具体要求见附录五）。

【解读】本条是对实验室检测资质和检测报告要求的规定。

《农业农村部公告第2号》规定，动物疫病预防控制机构、通过质量技术监督部门资质认定的实验室或通过兽医系统实验室考核的实验室均有资格出具实验室检测报告。实验室检测主要包括病种的病原学检测和抗体检测。对各种病种的检测方法、数量、时限以及结果处理，在本规程附件中均有明确规定（见附录五）。

3.4.2 实验室检测疫病种类

【解读】本条是对实验室检测疫病种类的规定。

3.4.2.1 种鸡 高致病性禽流感、新城疫、禽白血病、禽网状内皮组织增殖症。

【解读】本条是对种鸡的实验室检测病种的规定。

高致病性禽流感是由正黏病毒科流感病毒属A型流感病毒引起的以禽类为主的烈性传染病。实验室主要通过病原学检测和抗体检测两种方法判定是否合格，其中病原学检测时限为调运前3个月内，根据《高致病性禽流感防治技术规范》《高致病性禽流感诊断技术》（GB/T 18936—2020）、《禽流感病毒RT-PCR试验方法》

（NY/T 772—2013）公布的方法，抗原检测阴性为合格。此项检测数量要求按 30 份/供体栋舍抽检。同时，抗体检测时限为调运前 1 个月内，根据《高致病性禽流感防治技术规范》《高致病性禽流感诊断技术》（GB/T 18936—2020）、《禽流感病毒 RT-PCR 试验方法》（NY/T 772—2013）公布的方法检测抗体，根据《农业农村部关于印发〈2020 年国家动物疫病强制免疫计划〉的通知》（农牧发〔2019〕44 号）要求，免疫抗体合格率 70% 以上为合格。此项检测数量要求按总数的 0.5%（不少于 30 份）抽检。

新城疫是由副黏病毒科副黏病毒亚科腮腺炎病毒属的禽副黏病毒Ⅰ型引起的高度接触性禽类烈性传染病。实验室主要通过抗体检测一种方法判定是否合格。抗体检测时限为调运前 1 个月内，根据《新城疫防治技术规范》《新城疫诊断技术》（GB/T 16550—2020）等公布的试验方法进行抗体检测，免疫抗体合格率 70% 以上为合格。此项检测数量要求按总数的 0.5%（不少于 30 份）抽检。

禽白血病是一类由禽白血病病毒相关的反转录病毒引起鸡的不同组织良性和恶性肿瘤病的总称。实验室主要通过病原学检测和抗体检测两种方法判定是否合格，其中病原学检测时限为调运前 3 个月内，根据《J-亚群禽白血病防治技术规范》公布的试验方法检测，抗原检测阴性为合格。此项检测数量要求按 30 份/供体栋舍抽检。抗体检测时限为调运前 1 个月内，应用 ELISA（J 抗体、AB 抗体）检测方法检测抗体水平，免疫抗体合格率 70% 以上为合格。此项检测数量要求按总数的 0.5%（不少于 30 份）抽检。

禽网状内皮组织增殖症是指由反转录病毒科的禽网状内皮组织增殖病病毒引起鸡、鸭、鹅、火鸡和其他禽类的一种病理性综合征，包括急性网状细胞肿瘤、矮小病综合征、淋巴组织和其他组织的慢性肿瘤。实验室主要通过抗体检测一种方法判定是否合格。抗体检测时限为调运前 1 个月内，应用 ELISA 检测方法检测抗体水平，免疫抗体合格率 70% 以上为合格。此项检测数量要求按总数的 0.5%（不少于 30 份）抽检。

> **3.4.2.2** 种鸭　高致病性禽流感、鸭瘟。

【解读】本条是对种鸭的实验室检测病种的规定。

高致病性禽流感实验室检测详见 3.4.2.1【解读】。

鸭瘟又名鸭病毒性肠炎，是鸭、鹅和其他雁形目禽类的一种急性、热性、败血性传染病。实验室主要通过病原学检测一种方法判定是否合格，病原学检测时限为调运前 3 个月内，根据《鸭病毒性肠炎诊断技术》（GB/T 22332—2008）公布的方法，抗原检测阴性为合格。此项检测数量要求按 30 份/供体栋舍抽检。

> **3.4.2.3** 种鹅　高致病性禽流感、小鹅瘟。

【解读】本条是对种鹅的实验室检测病种的规定。

高致病性禽流感实验室检测详见 3.4.2.1【解读】。

小鹅瘟又称鹅细小病毒病，或称德兹西氏病，是雏鹅的一种急性败血性传染病。实验室主要通过病原学检测一种方法判定是否合格，病原学检测时限为调运前 3 个月内，根据《小鹅瘟诊断技术》（NY/T 560—2018）公布的方法，抗原检测阴性为合格。此项检测数量要求按 30 份/供体栋舍抽检。

4 检疫后处理

4.1 参照《家禽产地检疫规程》做好检疫结果处理。

【解读】本条是对检疫结果处理方式的规定。

《家禽产地检疫规程》关于检疫结果处理的方式包括：

一是经检疫合格的，出具《动物检疫合格证明》。

二是经检疫不合格的，出具《检疫处理通知单》，按有关规定处理。处理方式包括：①临床检查发现患有本规程规定动物疫病的，扩大抽检数量并进行实验室检测。②发现患有本规程规定检疫对象以外动物疫病，影响动物健康的，应按规定采取相应防疫措施。③发现不明原因死亡或怀疑为重大动物疫情的，应按照《动物防疫法》《重大动物疫情应急条例》和《农业农村部关于做好动物疫情报告等有关工作的通知》（农医发〔2018〕22号）的有关规定处理。④病死禽只应在农业农村主管部门监督下，由畜主按照《病死及病害动物无害化处理技术规范》（农医发〔2017〕25号）规定处理。

4.2 无有效的《种畜禽生产经营许可证》和《动物防疫条件合格证》的，检疫程序终止。

【解读】本条是对无有效"两证"情况处理的规定。

《种畜禽生产经营许可证》主要辨别：单位名称、单位地址、法人、生产范围、经营范围是否与实际一致，证件是否在有效期内，是否存在伪造、变造、转让等情况。《动物防疫条件合格证》

主要辨别：单位名称、单位地址、法人、经营范围是否与实际一致，是否存在伪造、变造、转让等情况。

在查验过程中如出现无有效证件情况，检疫程序终止。

4.3　无有效的实验室检测报告的，检疫程序终止。

【解读】本条是对无有效实验室检测报告处理的规定。

实验室检测报告主要辨别：出具机构是否符合国家规定的资质要求，实验方法是否符合国家规定标准，实验数据是否填写准确完善，实验结果是否与实际相符，实验报告是否存在变造、伪造、租借、转让情况等。实验室出具检测报告的时间是否符合规程检测要求。

在查验过程中如出现无有效实验室检测报告情况，检疫程序终止。

5　检疫记录

参照《家禽产地检疫规程》做好检疫记录。

【解读】本条是对检疫记录的相关规定。

检疫记录是检疫工作的痕迹化表现，便于后期的追溯或追责处理，主要包括检疫申报单、检疫工作记录、保存时间等要素。按照《家禽产地检疫规程》，关于检疫记录的规定包括：①动物卫生监督机构须指导畜主填写检疫申报单。②官方兽医须填写检疫工作记录，详细登记畜主姓名、地址、检疫申报时间、检疫时间、检疫地点、检疫动物种类、数量及用途、检疫处理、检疫证明编号等，并由畜主签名。③检疫申报单和检疫工作记录应保存12个月以上。

附录一

畜禽养殖场养殖档案

单位名称：_____

畜禽标识代码：_____

动物防疫合格证编号：_____

畜禽种类：_____

中华人民共和国农业农村部监制

（一）畜禽养殖场平面图

（由畜禽养殖场自行绘制）

（二）畜禽养殖场免疫程序

（由畜禽养殖场填写）

（三）生产记录（按日或变动记录）

圈舍号	时间	变动情况（数量）				存栏数	备注
		出生	调入	调出	死淘		

注：1. 圈舍号：填写畜禽饲养的圈、舍、栏的编号或名称。不分圈、舍、栏的此栏不填。

2. 时间：填写出生、调入、调出和死淘的时间。

3. 变动情况（数量）：填写出生、调入、调出和死淘的数量。调入的需要在备注栏注明动物检疫合格证明编号，并将检疫证明原件粘贴在记录背面。调出的需要在备注栏注明详细的去向。死亡的需要在备注栏注明死亡和淘汰的原因。

4. 存栏数：填写存栏总数，为上次存栏数和变动数量之和。

（四）饲料、饲料添加剂和兽药使用记录

开始使用 时间	投入产品 名称	生产厂家	批号/ 加工日期	用 量	停止使用 时间	备注

注：1. 养殖场外购的饲料应在备注栏注明原料组成。

2. 养殖场自加工的饲料在生产厂家栏填写自加工，并在备注栏写明使用的药物饲料添加剂的详细成分。

（五）消毒记录

日期	消毒场所	消毒药名称	用药剂量	消毒方法	操作员签字

注：1. 时间：填写实施消毒的时间。

2. 消毒场所：填写圈舍、人员出入通道和附属设施等场所。

3. 消毒药名称：填写消毒药的化学名称。

4. 用药剂量：填写消毒药的使用量和使用浓度。

5. 消毒方法：填写熏蒸、喷洒、浸泡、焚烧等。

（六）免疫记录

时间	圈舍号	存栏数量	免疫数量	疫苗名称	疫苗生产厂	批号（有效期）	免疫方法	免疫剂量	免疫人员	备注

注：1. 时间：填写实施免疫的时间。

2. 圈舍号：填写动物饲养的圈、舍、栏的编号或名称。不分圈、舍、栏的此栏不填。

3. 批号：填写疫苗的批号。

4. 数量：填写同批次免疫畜禽的数量，单位为头、只。

5. 免疫方法：填写免疫的具体方法，如喷雾、饮水、滴鼻、点眼、注射部位等方法。

6. 备注：记录本次免疫中未免疫动物的耳标号。

（七）诊疗记录

时间	畜禽标识编码	圈舍号	日龄	发病数	病因	诊疗人员	用药名称	用药方法	诊疗结果

注：1. 畜禽标识编码：填写 15 位畜禽标识编码中的标识顺序号，按批次统一填写。猪、牛、羊以外的畜禽养殖场此栏不填。

2. 圈舍号：填写动物饲养栏的圈、舍、栏号的编号或名称。不分圈、舍、栏的此栏不填。

3. 诊疗人员：填写做出诊断结果，如某动物疫病预防控制中心。执业兽医填写执业兽医的姓名。

4. 用药名称：填写使用药物的名称。

5. 用药方法：填写药物使用的具体方法，如口服、肌内注射、静脉注射等。

（八）防疫监测记录

采样日期	圈舍号	采样数量	监测项目	监测单位	监测结果	处理情况	备注

1. 圈舍号：填写动物饲养的圈、舍、栏的编号或名称。不分圈、舍、栏的此栏不填。

2. 监测项目：填写具体的内容如布氏杆菌病监测、口蹄疫免疫抗体监测。

3. 监测单位：填写实施监测的单位名称，如：某某动物疫病预防控制中心。企业自行监测的填写自检。企业委托社会检测机构监测的填写受托委托机构的名称。

4. 监测结果：填写具体的监测结果，如阴性、阳性、抗体效价数等。

5. 处理情况：填写针对监测结果对畜禽采取的处理方法。如针对结核病监测阳性牛的处理情况，可填写为对阳性牛全部予以扑杀。针对抗体效价低于正常保护水平，可填写为对畜禽进行重新免疫。

（九）病死畜禽无害化处理记录

日期	数量	处理或死亡原因	畜禽标识编码	处理方法	处理单位（或责任人）	备注

1. 日期：填写病死畜禽无害化处理的日期。

2. 数量：填写同批次处理的病死畜禽的数量，单位为头、只。

3. 处理或死亡原因：填写实施无害化处理的原因，如染疫死亡、正常死亡、死因不明等。

4. 畜禽标识编码：填写15位畜禽标识编码中的标识顺序号，按批次统一填写。猪、牛、羊以外的畜禽养殖场此栏不填。

5. 处理方法：填写《畜禽病害肉尸及其产品无害化处理规程》（GB 16548）规定的无害化处理方法。

6. 处理单位：委托无害化处理场实施无害化处理的填写处理单位名称；由本厂自行实施无害化处理的由实施无害化处理的人员签字。

种畜个体养殖档案

标识编码：

品种名称		个体编号	
性别		出生日期	
母号		父号	
种畜场名称			
地址			
负责人		联系电话	
种畜禽生产经营许可证编号			
种畜调运记录			
调运日期	调出地（场）		调入地（场）

种畜调出单位（公章）　　　　　　经办人　　年　　月　　日

附录二

农业部关于印发《病死及病害动物无害化处理技术规范》的通知

农医发〔2017〕25号

各省（自治区、直辖市）畜牧兽医（农牧、农业）厅（局、委、办），新疆生产建设兵团农业局：

为进一步规范病死及病害动物和相关动物产品无害化处理操作，防止动物疫病传播扩散，保障动物产品质量安全，根据《中华人民共和国动物防疫法》《生猪屠宰管理条例》《畜禽规模养殖污染防治条例》等有关法律法规，我部组织制定了《病死及病害动物无害化处理技术规范》，现印发给你们，请遵照执行。我部发布的动物检疫规程、相关动物疫病防治技术规范中，涉及对病死及病害动物和相关动物产品进行无害化处理的，按本规范执行。

自本规范发布之日起，《病死动物无害化处理技术规范》（农医发〔2013〕34号）同时废止。

农业部

2017年7月3日

病死及病害动物无害化处理技术规范

为贯彻落实《中华人民共和国动物防疫法》《生猪屠宰管理条例》《畜禽规模养殖污染防治条例》等有关法律法规，防止动物疫病传播扩散，保障动物产品质量安全，规范病死及病害动物和相关动物产品无害化处理操作技术，制定本规范。

1 适用范围

本规范适用于国家规定的染疫动物及其产品、病死或者死因不明的动物尸体，屠宰前确认的病害动物、屠宰过程中经检疫或肉品品质检验确认为不可食用的动物产品，以及其他应当进行无害化处理的动物及动物产品。

本规范规定了病死及病害动物和相关动物产品无害化处理的技术工艺和操作注意事项，处理过程中病死及病害动物和相关动物产品的包装、暂存、转运、人员防护和记录等要求。

2 引用规范和标准

GB 19217　医疗废物转运车技术要求（试行）

GB 18484　危险废物焚烧污染控制标准

GB 18597　危险废物贮存污染控制标准

GB 16297　大气污染物综合排放标准

GB 14554　恶臭污染物排放标准

GB 8978　污水综合排放标准

GB 5085.3　危险废物鉴别标准

GB/T 16569　畜禽产品消毒规范

GB 19218　医疗废物焚烧炉技术要求（试行）

GB/T 19923　城市污水再生利用　工业用水水质

当上述标准和文件被修订时，应使用其最新版本。

3　术语和定义

3.1　无害化处理

本规范所称无害化处理，是指用物理、化学等方法处理病死及病害动物和相关动物产品，消灭其所携带的病原体，消除危害的过程。

3.2　焚烧法

焚烧法是指在焚烧容器内，使病死及病害动物和相关动物产品在富氧或无氧条件下进行氧化反应或热解反应的方法。

3.3　化制法

化制法是指在密闭的高压容器内，通过向容器夹层或容器内通入高温饱和蒸汽，在干热、压力或蒸汽、压力的作用下，处理病死及病害动物和相关动物产品的方法。

3.4　高温法

高温法是指常压状态下，在封闭系统内利用高温处理病死及病害动物和相关动物产品的方法。

3.5　深埋法

深埋法是指按照相关规定，将病死及病害动物和相关动物产品投入深埋坑中并覆盖、消毒，处理病死及病害动物和相关动物产品的方法。

3.6　硫酸分解法

硫酸分解法是指在密闭的容器内，将病死及病害动物和相关动物产品用硫酸在一定条件下进行分解的方法。

4　病死及病害动物和相关动物产品的处理

4.1　焚烧法

4.1.1　适用对象

国家规定的染疫动物及其产品、病死或者死因不明的动物尸体，屠宰前确认的病害动物、屠宰过程中经检疫或肉品品质检验确认为不可食用的动物产品，以及其他应当进行无害化处理的动物及动物产品。

4.1.2　直接焚烧法

4.1.2.1　技术工艺

4.1.2.1.1　可视情况对病死及病害动物和相关动物产品进行破碎等预处理。

4.1.2.1.2　将病死及病害动物和相关动物产品或破碎产物，投至焚烧炉本体燃烧室，经充分氧化、热解，产生的高温烟气进入二次燃烧室继续燃烧，产生的炉渣经出渣机排出。

4.1.2.1.3　燃烧室温度应≥850℃。燃烧所产生的烟气从最后的助燃空气喷射口或燃烧器出口到换热面或烟道冷风引射口之间的停留时间应≥2s。焚烧炉出口烟气中氧含量应为 6%～10%（干气）。

4.1.2.1.4　二次燃烧室出口烟气经余热利用系统、烟气净化系统处理，达到 GB 16297 要求后排放。

4.1.2.1.5　焚烧炉渣与除尘设备收集的焚烧飞灰应分别收集、贮存和运输。焚烧炉渣按一般固体废物处理或作资源化利用；焚烧飞灰和其他尾气净化装置收集的固体废物需按 GB 5085.3 要求作危险废物鉴定，如属于危险废物，则按 GB 18484 和 GB 18597 要求处理。

4.1.2.2　操作注意事项

4.1.2.2.1　严格控制焚烧进料频率和重量，使病死及病害动物和相关动物产品能够充分与空气接触，保证完全燃烧。

4.1.2.2.2　燃烧室内应保持负压状态，避免焚烧过程中发生烟气泄露。

4.1.2.2.3　二次燃烧室顶部设紧急排放烟囱，应急时开启。

4.1.2.2.4　烟气净化系统，包括急冷塔、引风机等设施。

4.1.3　炭化焚烧法

4.1.3.1　技术工艺

4.1.3.1.1　病死及病害动物和相关动物产品投至热解炭化室，在无氧情况下经充分热解，产生的热解烟气进入二次燃烧室继续燃烧，产生的固体炭化物残渣经热解炭化室排出。

4.1.3.1.2　热解温度应≥600℃，二次燃烧室温度≥850℃，焚烧后烟气在850℃以上停留时间≥2s。

4.1.3.1.3　烟气经过热解炭化室热能回收后，降至600℃左右，经烟气净化系统处理，达到 GB 16297 要求后排放。

4.1.3.2　操作注意事项

4.1.3.2.1　应检查热解炭化系统的炉门密封性，以保证热解炭化室的隔氧状态。

4.1.3.2.2　应定期检查和清理热解气输出管道，以免发生阻塞。

4.1.3.2.3　热解炭化室顶部需设置与大气相连的防爆口，热解炭化室内压力过大时可自动开启泄压。

4.1.3.2.4　应根据处理物种类、体积等严格控制热解的温度、升温速度及物料在热解炭化室里的停留时间。

4.2　化制法

4.2.1　适用对象

不得用于患有炭疽等芽孢杆菌类疫病，以及牛海绵状脑病、痒病的染疫动物及产品、组织的处理。其他适用对象同 4.1.1。

4.2.2　干化法

4.2.2.1　技术工艺

4.2.2.1.1　可视情况对病死及病害动物和相关动物产品进行破碎等预处理。

4.2.2.1.2　病死及病害动物和相关动物产品或破碎产物输送入高温高压灭菌容器。

4.2.2.1.3　处理物中心温度≥140℃，压力≥0.5MPa（绝对压力），时间≥4h（具体处理时间随处理物种类和体积大小而设定）。

4.2.2.1.4　加热烘干产生的热蒸汽经废气处理系统后排出。

4.2.2.1.5　加热烘干产生的动物尸体残渣传输至压榨系统处理。

4.2.2.2　操作注意事项

4.2.2.2.1　搅拌系统的工作时间应以烘干剩余物基本不含水分为宜，根据处理物量的多少，适当延长或缩短搅拌时间。

4.2.2.2.2　应使用合理的污水处理系统，有效去除有机物、氨氮，达到 GB 8978 要求。

4.2.2.2.3　应使用合理的废气处理系统，有效吸收处理过程中动物尸体腐败产生的恶臭气体，达到 GB 16297 要求后排放。

4.2.2.2.4　高温高压灭菌容器操作人员应符合相关专业要求，持证上岗。

4.2.2.2.5　处理结束后，需对墙面、地面及其相关工具进行彻底清洗消毒。

4.2.3 湿化法

4.2.3.1 技术工艺

4.2.3.1.1 可视情况对病死及病害动物和相关动物产品进行破碎预处理。

4.2.3.1.2 将病死及病害动物和相关动物产品或破碎产物送入高温高压容器，总质量不得超过容器总承受力的五分之四。

4.2.3.1.3 处理物中心温度≥135℃，压力≥0.3MPa（绝对压力），处理时间≥30min（具体处理时间随处理物种类和体积大小而设定）。

4.2.3.1.4 高温高压结束后，对处理产物进行初次固液分离。

4.2.3.1.5 固体物经破碎处理后，送入烘干系统；液体部分送入油水分离系统处理。

4.2.3.2 操作注意事项

4.2.3.2.1 高温高压容器操作人员应符合相关专业要求，持证上岗。

4.2.3.2.2 处理结束后，需对墙面、地面及其相关工具进行彻底清洗消毒。

4.2.3.2.3 冷凝排放水应冷却后排放，产生的废水应经污水处理系统处理，达到 GB 8978 要求。

4.2.3.2.4 处理车间废气应通过安装自动喷淋消毒系统、排风系统和高效微粒空气过滤器（HEPA 过滤器）等进行处理，达到 GB 16297 要求后排放。

4.3 高温法

4.3.1 适用对象

同 4.2.1。

4.3.2　技术工艺

4.3.2.1　可视情况对病死及病害动物和相关动物产品进行破碎等预处理。处理物或破碎产物体积（长×宽×高）≤125cm³（5cm×5cm×5cm）。

4.3.2.2　向容器内输入油脂，容器夹层经导热油或其他介质加热。

4.3.2.3　将病死及病害动物和相关动物产品或破碎产物输送入容器内，与油脂混合。常压状态下，维持容器内部温度≥180℃，持续时间≥2.5h（具体处理时间随处理物种类和体积大小而设定）。

4.3.2.4　加热产生的热蒸汽经废气处理系统后排出。

4.3.2.5　加热产生的动物尸体残渣传输至压榨系统处理。

4.3.3　操作注意事项

同 4.2.2.2。

4.4　深埋法

4.4.1　适用对象

发生动物疫情或自然灾害等突发事件时病死及病害动物的应急处理，以及边远和交通不便地区零星病死畜禽的处理。不得用于患有炭疽等芽孢杆菌类疫病，以及牛海绵状脑病、痒病的染疫动物及产品、组织的处理。

4.4.2　选址要求

4.4.2.1　应选择地势高燥，处于下风向的地点。

4.4.2.2　应远离学校、公共场所、居民住宅区、村庄、动物饲养和屠宰场所、饮用水源地、河流等地区。

4.4.3　技术工艺

4.4.3.1　深埋坑体容积以实际处理动物尸体及相关动物产品数量确定。

4.4.3.2 深埋坑底应高出地下水位 1.5m 以上,要防渗、防漏。

4.4.3.3 坑底洒一层厚度为 2～5cm 的生石灰或漂白粉等消毒药。

4.4.3.4 将动物尸体及相关动物产品投入坑内,最上层距离地表 1.5m 以上。

4.4.3.5 生石灰或漂白粉等消毒药消毒。

4.4.3.6 覆盖距地表 20～30cm,厚度不少于 1～1.2m 的覆土。

4.4.4　操作注意事项

4.4.4.1 深埋覆土不要太实,以免腐败产气造成气泡冒出和液体渗漏。

4.4.4.2 深埋后,在深埋处设置警示标识。

4.4.4.3 深埋后,第一周内应每日巡查 1 次,第二周起应每周巡查 1 次,连续巡查 3 个月,深埋坑塌陷处应及时加盖覆土。

4.4.4.4 深埋后,立即用氯制剂、漂白粉或生石灰等消毒药对深埋场所进行 1 次彻底消毒。第一周内应每日消毒 1 次,第二周起应每周消毒 1 次,连续消毒三周以上。

4.5　化学处理法

4.5.1　硫酸分解法

4.5.1.1　适用对象

同 4.2.1。

4.5.1.2　技术工艺

4.5.1.2.1 可视情况对病死及病害动物和相关动物产品进行破碎等预处理。

4.5.1.2.2 将病死及病害动物和相关动物产品或破碎产物,

投至耐酸的水解罐中，按每吨处理物加入水 150～300kg，后加入 98% 的浓硫酸 300～400kg（具体加入水和浓硫酸量随处理物的含水量而设定）。

4.5.1.2.3 密闭水解罐，加热使水解罐内升至 100～108℃，维持压力≥0.15MPa，反应时间≥4h，至罐体内的病死及病害动物和相关动物产品完全分解为液态。

4.5.1.3 操作注意事项

4.5.1.3.1 处理中使用的强酸应按国家危险化学品安全管理、易制毒化学品管理有关规定执行，操作人员应做好个人防护。

4.5.1.3.2 水解过程中要先将水加入耐酸的水解罐中，然后加入浓硫酸。

4.5.1.3.3 控制处理物总体积不得超过容器容量的 70%。

4.5.1.3.4 酸解反应的容器及储存酸解液的容器均要求耐强酸。

4.5.2 化学消毒法

4.5.2.1 适用对象

适用于被病原微生物污染或可疑被污染的动物皮毛消毒。

4.5.2.2 盐酸食盐溶液消毒法

4.5.2.2.1 用 2.5% 盐酸溶液和 15% 食盐水溶液等量混合，将皮张浸泡在此溶液中，并使溶液温度保持在 30℃ 左右，浸泡 40h，1m² 的皮张用 10L 消毒液（或按 100mL 25% 食盐水溶液中加入盐酸 1mL 配制消毒液，在室温 15℃ 条件下浸泡 48h，皮张与消毒液之比为 1：4）。

4.5.2.2.2 浸泡后捞出沥干，放入 2%（或 1%）氢氧化钠溶液中，以中和皮张上的酸，再用水冲洗后晾干。

4.5.2.3 过氧乙酸消毒法

4.5.2.3.1 将皮毛放入新鲜配制的 2% 过氧乙酸溶液中浸泡 30min。

4.5.2.3.2 将皮毛捞出，用水冲洗后晾干。

4.5.2.4 碱盐液浸泡消毒法

4.5.2.4.1 将皮毛浸入 5% 碱盐液（饱和盐水内加 5% 氢氧化钠）中，室温（18～25℃）浸泡 24h，并随时加以搅拌。

4.5.2.4.2 取出皮毛挂起，待碱盐液流净，放入 5% 盐酸液内浸泡，使皮上的酸碱中和。

4.5.2.4.3 将皮毛捞出，用水冲洗后晾干。

5　收集转运要求

5.1　包装

5.1.1 包装材料应符合密闭、防水、防渗、防破损、耐腐蚀等要求。

5.1.2 包装材料的容积、尺寸和数量应与需处理病死及病害动物和相关动物产品的体积、数量相匹配。

5.1.3 包装后应进行密封。

5.1.4 使用后，一次性包装材料应作销毁处理，可循环使用的包装材料应进行清洗消毒。

5.2　暂存

5.2.1 采用冷冻或冷藏方式进行暂存，防止无害化处理前病死及病害动物和相关动物产品腐败。

5.2.2 暂存场所应能防水、防渗、防鼠、防盗，易于清洗和消毒。

5.2.3 暂存场所应设置明显警示标识。

5.2.4 应定期对暂存场所及周边环境进行清洗消毒。

5.3 转运

5.3.1 可选择符合 GB 19217 条件的车辆或专用封闭厢式运载车辆。车厢四壁及底部应使用耐腐蚀材料，并采取防渗措施。

5.3.2 专用转运车辆应加施明显标识，并加装车载定位系统，记录转运时间和路径等信息。

5.3.3 车辆驶离暂存、养殖等场所前，应对车轮及车厢外部进行消毒。

5.3.4 转运车辆应尽量避免进入人口密集区。

5.3.5 若转运途中发生渗漏，应重新包装、消毒后运输。

5.3.6 卸载后，应对转运车辆及相关工具等进行彻底清洗、消毒。

6 其他要求

6.1 人员防护

6.1.1 病死及病害动物和相关动物产品的收集、暂存、转运、无害化处理操作的工作人员应经过专门培训，掌握相应的动物防疫知识。

6.1.2 工作人员在操作过程中应穿戴防护服、口罩、护目镜、胶鞋及手套等防护用具。

6.1.3 工作人员应使用专用的收集工具、包装用品、转运工具、清洗工具、消毒器材等。

6.1.4 工作完毕后，应对一次性防护用品作销毁处理，对循环使用的防护用品消毒处理。

6.2 记录要求

6.2.1 病死及病害动物和相关动物产品的收集、暂存、转运、无害化处理等环节应建有台账和记录。有条件的地方应保存转运车辆行车信息和相关环节视频记录。

6.2.2　台账和记录

6.2.2.1　暂存环节

6.2.2.1.1　接收台账和记录应包括病死及病害动物和相关动物产品来源场（户）、种类、数量、动物标识号、死亡原因、消毒方法、收集时间、经办人员等。

6.2.2.1.2　运出台账和记录应包括运输人员、联系方式、转运时间、车牌号、病死及病害动物和相关动物产品种类、数量、动物标识号、消毒方法、转运目的地以及经办人员等。

6.2.2.2　处理环节

6.2.2.2.1　接收台账和记录应包括病死及病害动物和相关动物产品来源、种类、数量、动物标识号、转运人员、联系方式、车牌号、接收时间及经手人员等。

6.2.2.2.2　处理台账和记录应包括处理时间、处理方式、处理数量及操作人员等。

6.2.3　涉及病死及病害动物和相关动物产品无害化处理的台账和记录至少要保存两年。

农业部办公厅 2017 年月 7 日 3 印发

检疫申报单
（货主填写）

编号：
货主：
联系电话：
动物/动物产品种类：
数量及单位：
来源：
用途：
启运地点：
启运时间：
到达地点：
依照《动物检疫管理办法》规定，现申报动物检疫。
货主签字（盖章）：
申报时间： 年 月 日

注：本申报单规格为210mm×70mm，其中左联长110mm，右联长100mm。

申报处理结果
（动物卫生监督机构填写）

□受理，拟派员于 年 月 日到 实施检疫。
□不受理。
理由：

经办人：
年 月 日

（动物卫生监督机构留存）

检疫申报受理单
（动物卫生监督机构填写）

No.

处理意见：
□受理：本所拟于 年 月 日 实施检疫。派员到
□不受理。理由：

经办人：
联系电话：
动物检疫专用章
年 月 日

（交货主）

检疫处理通知单

编号：_____：

　　按照《中华人民共和国动物防疫法》和《动物检疫管理办法》有关规定，你（单位）的_____

_____经检疫不合格，根据_____

_____

之规定，决定进行如下处理：

　　一、_____

　　二、_____

　　三、_____

　　四、_____

动物卫生监督机构（公章）

年　　月　　日

官方兽医（签名）：

当事人签收：

备注：1. 本通知单一式二份，一份交当事人，一份动物卫生监督所留存。

　　　2. 动物卫生监督所联系电话：

　　　3. 当事人联系电话：

附录四

家禽入场监督查验和宰前检查日记录表

企业名称：   品种：

序号	货主	产地	车牌号	检疫证号	数量（只）	运输情况	检疫申报单编号	临床检查情况		检查结果	查验人员
								群体检查是否正常	个体检查是否正常		

填表日期：   年   月   日   官方兽医（签字）：

家禽屠宰同步检疫记录表

企业名称：　　　　　　　　　　　　　　　　　　　　品种：

批次	检疫证号	屠宰数量（只）	抽检数量（只）	检疫情况		检疫人员
				合格	不合格	

填表日期：　　年　　月　　日　　　　　　　　　　　官方兽医（签字）：

附录五

跨省调运种禽实验室检测要求

疫病名称	病原学检测			抗体检测			备注
	检测方法	数量	时限	检测方法	数量	时限	
高致病性禽流感	见《高致病性禽流感防治技术规范》《高致病性禽流感诊断技术》(GB/T 18936)、《禽流感病毒 RT-PCR 试验方法》(NY/T 772)	30 份/供体栋舍	调运前 3 个月内	见《高致病性禽流感防治技术规范》《高致病性禽流感诊断技术》(GB/T 18936)、《禽流感病毒 RT-PCR 试验方法》(NY/T 772)	0.5%（不少于 30 份）	调运前 1 个月内	①非雏禽查本体；②抗原检测阴性，抗体检测符合规定为合格
新城疫	无	无	无	见《新城疫防治技术规范》《新城疫诊断技术》(GB/T 16550)	0.5%（不少于 30 份）	调运前 1 个月内	抗体检测符合规定为合格
鸭瘟	见《鸭病毒性肠炎诊断技术》(GB/T 22332)	30 份/供体栋舍	调运前 3 个月内	无	无	无	抗原检测阴性为合格

（续）

疫病名称	病原学检测			抗体检测			备注
	检测方法	数量	时限	检测方法	数量	时限	
小鹅瘟	见《小鹅瘟诊断技术》(NY/T 560)	30 份/供体栋舍	调运前3 个月内	无	无	无	抗原检测阴性为合格
禽白血病	见《J-亚群禽白血病防治技术规范》	30 份/供体栋舍	调运前3 个月内	ELISA(J 抗体、AB 抗体)	0.5%(不少于30 份)	调运前1 个月内	抗原检测阴性、抗体检测符合规定为合格
禽网状内皮组织增殖症	无	无	无	ELISA	0.5%(不少于30 份)	调运前1 个月内	抗体检测符合规定为合格